青少年思想政治教育读本

青少年应具备的科学思维

姜　丹　编著

吉林人民出版社

图书在版编目（CIP）数据

青少年应具备的科学思维 / 姜丹编著. —— 长春：
吉林人民出版社, 2012.5
（青少年思想政治教育读本）
ISBN 978-7-206-09032-5

Ⅰ.①青… Ⅱ.①姜… Ⅲ.①思维方法－青年读物②
思维方法－少年读物 Ⅳ.①B804-49

中国版本图书馆 CIP 数据核字(2012)第113485号

青少年应具备的科学思维

QINGSHAONIAN YING JUBEI DE KEXUE SIWEI

编　著：姜　丹
责任编辑：王　磊　　　　　　封面设计：七　洱
吉林人民出版社出版 发行（长春市人民大街7548号　邮政编码：130022）
印　　刷：北京一鑫印务有限责任公司
开　　本：710mm×960mm　　1/16
印　　张：13.5　　　　　　字　　数：160千字
标准书号：ISBN 978-7-206-09032-5
版　　次：2012年5月第1版　　印　　次：2023年6月第3次印刷
定　　价：48.00元
如发现印装质量问题，影响阅读，请与出版社联系调换。

目录 CONTENTS 1

目录 CONTENTS

2

目录
CONTENTS

4

第七编　逆向思维——反其道而思之

第八编　简单思维——简单不简化

目录 CONTENTS

6

第一编 DI YI BIAN
动态思维——流水不腐 户枢不蠹

不在错误的地方寻找正确的答案

有一则新闻说的是三名游客在澳大利亚陷入尴尬境地：他们根据GPS车载导航系统的指示前往一座小岛，却把车开入大海500米，直到车辆无法继续前行。我们不禁要想开入大海500米，司机当时是怎么想的？这就是现代版的刻舟求剑啊。

楚国有个人，有一次乘船过江，一不小心，把身上挂的一把宝剑掉进江里去了。他不慌不忙地从口袋里取出一把小刀，伏下身子，在船帮上刻下了一个记号，嘴里不停地念叨："这是宝剑掉下去的地方。"同船的人见他不着急的样子都很纳闷，有人问他："为什么不赶快下水捞宝剑？你在船帮上刻个记号有什么用呀？"他却说："不着急，我已经做了记号，等船靠岸了，我再下水去捞吧。"

等到船靠了岸，人们纷纷下船。这个楚国人却对着船帮刻的记号处，跳下水去。大家都莫名其妙，一会儿他钻出来，又对着船帮的记号看了看，自言自语地说："我的剑就是从这里掉下去的，怎么找不到了呢？"同船的人看到他这样寻找宝剑都感到很可笑，船夫告诉他说："宝剑掉进江里以后，船还是在行走的，而宝剑沉在水底下是不会跟着走的。现在船已到岸，再按船帮上刻记号处去找它，怎么能找到呢？你在错误的地方怎么能够寻找到正确的答案呢？"

这个就是刻舟求剑的故事，虽然这个故事广为流传，但是我们在思考问题的时候还是经常犯同一个错误。我们解一道数学题，用同一种方法试了很多次都不成功但仍然不换别的方法；我们想锻炼自己的推理能力，却拿着一本爱情小说看得津津有味……这些难道不也是"刻舟求剑"吗？

坚持就是胜利？

有一个小伙子，他是一个品学兼优的好学生，有一次他在报纸上看到一则广告，这则广告是讲可以把水变成油，他对此产生了极大的研究兴趣，并立志要有一番作为，于是开始了长达10年的研究，有一天他的同学来拜访，看到他的研究，说：真有人在做这项研究呀！我10年前很无聊的时候在报纸上打了一个广告，说可以让水变成油，当时还有人来信跟我求要相关资料呢。小伙子听到这里，当时就疯了。

他用了10年的时间在坚持一个根本不可能实现的目标，就像有人想要去生产永动机一样的可笑，这种所谓的坚持让他的人生成了一场真正的梦幻，何其可悲，可是在我们的实际生活中，虽然少有这样极端的事例，却有很多这样所谓的"坚持"，有时明知已经做错了，还为了所谓的"面子"，错了就错了，还一错到底。我们在这里不是否定坚持就是胜利的说法，可是我们的坚持要想有胜利的成果，那么一定要把准方向，不要在错误的地方寻找正确的答案，否则不但不能成功，还会南辕北辙，当一个人驾着车子朝与自己的目的地相反的方向跑，只会离目标越来越远。就好像有两个人在沙漠里迷了路，一个人坚信只要朝着前方走一定能走出沙漠，可是当他弹尽粮绝的时候，他绝望地发现自己仍在原地打转。而另一个人就聪明很多，他白天休息，晚上朝着北斗星所在的方向走，很快就走出了沙漠。这又提醒我们在找对方向的同时，也要用对策略，这个世界上有很多值得我们珍惜的东西，我们的青春、我们的健康、我们的智慧、我们的梦……我们没有理由盲目地挥霍。此去经年，请记住，在自己的生命中，你是唯一的舵手。所以我们要学会掌握趋势，认清事实，找对策略，做对事情，然后坚持到底。

按图索骥为哪般

《喜羊羊与灰太狼》里面有一则这样的故事，灰太狼看到小羊们经常在河边玩，就想从狼堡挖地道到河底，没想到被喜羊羊发现，把灰太狼挖地道的标志都改了，最后河水倒灌进狼堡。我们看到这个情节是免不了要为灰太狼的愚蠢而捧腹大笑，为小羊的聪明而拍手叫好的。其实我们在生活中是不是也常常习惯了按照既定的轨道前进，轻易相信已经画好的路线，却不知道实际情况已经发生了很大的变化呢？

孙阳，春秋时秦国人，相传是我国古代最著名的相马专家，他一眼就能看出一匹马的好坏。因为传说伯乐是负责管理天上马匹的神，因此人们都把孙阳叫做伯乐。孙阳有个儿子，资质很差，他看了父亲的《相马经》，也很想出去找千里马。他看到《相马经》上说："千里马的主要特征是，高脑门，大眼睛，蹄子像摞起来的酒曲块"，便拿着书，往外走去，想试试自己的眼力。走了不远，他看到一只大癞蛤蟆，忙捉回去告诉他父亲说："我找到了匹好马，和你那本《相马经》上说的差不多，只是蹄子不像摞起来的酒曲块！"

孙阳的儿子之所以犯这样的错误，也是因为他没有从不断发展和变化的实际出发的后果。但是，除了不能发现客观情况的变化以外，人们也常常会在一个已经规划好的范围内感到安全，从而不愿意做出改变，似乎这样我们就能一帆风顺了，却不知这样往往事与愿违，使我们的计划陷入挫折。

变通的意义

有一则故事很有趣，说的是甲乙两人打赌，双方商定在两个月内，甲每天给乙10万元，乙每天只给甲1分钱，但必须每天加1倍。乙心中暗喜，以为得了大便宜，于是一口答应。等到第10天时，乙口袋里已经装进100万元，而自己只付出5元钱，心里还后悔当时要是定3个月，不是可以赚得更多吗？想不到随着时间的推移，双方的进账开始逆转，并一发不可收拾。等到第60天时乙应当付给甲多少钱呢？已超过2500亿！是不是像天方夜谭？

这则故事告诉了我们变与不变在本质上是有多么大的区别，往往失之毫厘，谬以千里。同时也让我们体会到变化与发展的力量。让我们一起来看一看吧。

比别人多想一步

有一年，某地的橘子出乎意料的贵，有一个农民由于种了许多橘树而大赚了一笔，那些没有种橘树的人看在眼里疼在心里，抱怨自己失去了一次发财的好机会，许多人暗暗下决心第二年多种橘树。结果由于人人都种了橘树，导致第二年橘子价格暴跌，大家都损失惨重。可是却有一个人发了财，就是那位第一年种了橘树的农民，因为第二年他专门种橘树苗。人和人不一样就在这儿，有的人想一步，有的人想两步，有的人看今天，有的人看明天。如果能够始终地与时俱进，那就离成功不远了。

19世纪50年代，美国西部发现大片金矿，无数做着发财梦的人们如潮水般涌向荒凉萧条的西部。有个20岁出头的毛头小伙利维·施特劳斯（Levi Strauss）也挡不住黄金的诱惑，放弃了厌倦已久的文职工作，加入到浩浩荡荡的淘金人流中。利维来到旧金山，由于淘金者甚多，当机立断，放弃从沙土里淘金，改从淘金者身上"淘金"。他在当地开办了一家销售日用百货的小店，生意十分兴旺，但是所采购的大批搭帐篷、马车篷用的帆布却无人问津。为处理积压的帆布，利维试着用其裁做低腰、直腿桶、臀围紧小的裤子，兜售给淘金工，由于比棉布裤更耐磨，大受淘金工的欢迎。"利维的裤子"不胫而走。利维变卖了小百货店，开办了专门生产帆布工装裤的公司。1874年5月20日，利维开始销售带铜铆钉的蓝色牛仔裤。当时没有漂亮的名字，只有501这个工厂编号，LEVI'S501一时成为家喻户晓的标牌。自1936年起，利维公司开始把白金色的"LEVI'S"的红旗缝于后裤袋上，这成为了日后LEVI'S注册的标记。淘金工人穿着这种牢固耐磨的裤子显得特别神气，当他们进城休假时，这种耐穿、方便和式样美观、别致的装束引来了众多目光，于是开始在更多职业的人们中流行，逐渐成为美国大众青睐的时髦服装。

利维发明牛仔裤，以及这一品牌的产生过程，就是一个比别人多想一步的过程，他能应事、应时、应地而变，这样才能不断突破，取得成功。

打破惯性思维

一只乌鸦口渴了，到处找水喝，突然它看见一个瓶子里有水，可是瓶子里的水太少了，怎么也喝不着，他看见瓶子旁边有小石子，就一个一个地放到瓶子里，瓶子里的水就慢慢地升高了，乌鸦就喝着水了。这个故事是我们从小就知道的，可有谁知道它的后续吗？

自从那只口渴的乌鸦用小石子填满了瓶子，美美地喝了一顿水之后，它回去就大肆宣扬它喝水的方法，于是它的伙伴们都牢牢地记住了这个妙法。有一只乌鸦出了趟远门，飞到了一个沙漠上，它感到口渴难耐，就想找些水来喝，恰巧看见地上有一个瓶子，瓶子里有半瓶水，乌鸦高兴地落在瓶子旁边。可是，令它没想到的是瓶子附近一个石子也没有，没有石子就意味着喝不着水，看着水喝不到，这可急坏了乌鸦，它就到处找石子填瓶子，可是找来找去除了满地的黄沙，一个石子也没有找到。最后，这只又累又渴的乌鸦就死在了瓶子旁，化成了一堆白骨。又有一只乌鸦刚好经过瓶子上空，也感到很口渴，就落了下来，当它看到那地上的半瓶子水和那只死乌鸦，心里就知道发生了什么事。这一次，这只乌鸦不再找石子了，而是开始用爪子在瓶底挖坑，当坑挖到一定深度时，瓶子开始慢慢地倾斜，等水涌到了瓶口，乌鸦把嘴伸进瓶子，美美地喝了个痛快。

这个用生命换来的教训是在告诉我们不要被惯性思维所束缚，关键时刻要学会变通，这种思维的力量是我们面对学习、面对生活的一种重要能力，因为事物总是在不断地变化，而我们自身也是在不断发展的。

在煤油炉出现之前，人们生火做饭都是使用木炭和煤。美国一家销售煤油炉和煤油的公司，为引起人们对煤油炉和煤油的消费兴趣，在报纸上大肆宣传它的好处，但收效甚微，人们继续使用木炭和煤，煤油炉和煤油仍然无人问津。面对积压的煤油炉和煤油，公司老板突然灵机一动。他吩咐下属将煤油炉免费赠送到各家各户，不取分文。就这样，收到煤油炉的住户们尝试着使用它，而没有收到的纷纷打电话向公司询问，并索要煤油炉，在很短的时间内，积压的煤油炉赠送一空。公司员工们觉得十分心疼，但老板却不动声色。不久，有一些顾客上门来，询问购买煤油的事；再后来，竟有顾客要求购买煤油炉。原来，人们在使用煤油炉后，发现其优越性较之木炭和煤十分明显。家庭主妇们在炉里原有的煤油用完后，仍然希望继续使用煤油炉，人们已经一天也离不开它了，只好又向公司购买新的煤油炉。在循环往复中，这家公司的煤油炉自然久销不衰。

中国有一句古话：退一步海阔天空，这个公司的老板的做法真是深深印证了这句话的精髓。有一种退叫以退为进，有一种放弃是为了更好地前进。有时候在生活中我们需要改变航向，变换轨道，这并不意味着我们放弃了值得实现的目标，三十六计中有一计叫做调虎离山，看似败退的逃亡实际上是诱敌深入的计谋。也许我们的生活不是打仗，但是如果我们能运用动态的思维变式，不要囿于一时一处的得失，常常能收到"山重水复疑无路，柳暗花明又一村"的效果。

动中应有静

古希腊流传着这样一个故事：有一人外出忘了带钱，便向他的邻居借。过了一段时间，这个人还没有还钱，邻居便向他讨债。这个人坦然地说："一切皆变，一切皆流，现在的我，已不是当初借钱的我。"赖账不还，邻居发了脾气，一怒之下就挥手打了他，赖账人要去法官那里告状，这位邻居对他说："你去吧，一切皆变，一切皆流，现在的我，已不是当初打你的我了。"赖账人无言以对。

这个小故事向我们揭示了动与静的关系，事物是运动变化的，但是也存在相对静止的状态。这种关系提醒我们不能一味向前冲，在事物发展的过程中，总有一些相对缓慢，甚至是不易察觉的"变化"，在这样的时候，我们要学会积累与等待。

有这样两则故事：

故事一：在南美洲的一个大草原上。一天，一群游客正在一望无际的大草原上快乐地追逐嬉戏，忽然，他们身后窜出一团大火，火借风势，直向游客们扑来。就在这死难临头的惊险时刻，一位老猎人出现在游客们的面前："各位，别跑了，大家还是听我的话，动手扯掉这一片干草，清出一块地面来。"游客们见是一位老猎手，觉得他经验丰富，就马上按照他的吩咐，七手八脚地猛干起来，很快清出了一大块地面。火是从北面烧过来的，老猎人让大家站在空地的南端，自己跑到空地的北端，并把草堆搬到北边去。望着渐渐靠近的大火，游客中有人恐慌地问："老猎人，火再烧过来怎么办？""别急，我自有办法。"一会儿，大火快烧近时，老猎人才拿了一束很干的草点燃起来，堆在游客北面的草立刻熊熊地烧着了，竟然逆着风迎着大火方向烧去，这两股火立刻打起架来，火势居然慢慢小了，而留给游客的空间越来越大。两股大火斗了一阵子，终于"精疲力竭"，慢慢地熄灭了下来。只剩下大股黄褐色的烟柱，还在草地上不住地盘旋上升。

当获救的游客向老猎人讨教"用火灭火"的奥秘时，老猎人深深地吁出一口气，说："在烈火上面的空气受热后会变轻而上升，各方面的冷空气就会去补充，这样，在火的边界附近，一定会有迎着火焰流去的气流。等到我们北面的大火接近我们的草堆时，我们把草堆点燃后，那么，我们这边的火就会朝着风的相反方面蔓延开去，两股火后面的草都没有了，就会渐渐熄灭。当然，火不能点燃得太早，也不能太迟。"游客们恍然大悟。

故事二：一位大富豪走进一家银行。"请问先生，您有什么事情需要我们效劳吗？"贷款部营业员一边小心地询问，一边打量着来人的穿着：名贵的西服、高档的皮鞋、昂贵的手表，还有镶宝石的领带夹子……"我想借点钱。""完全可以，你想借多少呢？""1美元。""只借1美元？"贷款部的营业员惊愕得张大了嘴巴。贷款部营业员的头脑立刻高速运转起来，这人穿戴如此阔气，为什么只借1美元？他是在试探我们的工作质量和服务效率吧？便装出高兴的样子说："当然，只要有担保，无论借多少，我们都可以照办。""好吧。"富豪从豪华的皮包里取出一大堆股票、债券等放在柜台上："这些做担保可以吗？"营业员清点了一下，"先生，总共50万美元，做担保足够了，不过先生，你真的只借1美元吗？""是的，我只需要1美元，有问题吗？""好吧，请办理手续，年息为6%，只要您付6%的利息，且在一年内归还贷款，我们就把这些作保的股票和证券还给你……"

富豪走后，一直在一边旁观的银行经理怎么也弄不明白，一个拥有50万美元的人，怎么会跑到银行来借1美元呢？他追了上去："先生，对不起，能问你一个问题吗？""当然可以。""我是这家银行的经理，我实在弄不懂，你拥有50万美元的家当，为什么只借1美元呢？""好吧！我不妨把实情告诉你。我来这里办一件事，随身携带这些票券很不方便，便问过几家金库，要租他们的保险箱，但租金都很昂贵。所以我就到贵行将这些东西以担保的形式寄存了，由你们替我保管，况且利息很便宜，存一年才不过6美分……"经理这时才如梦方醒。

我们对这两则故事的关注点可能各不相同，但是大多数人看到的是聪明的果实，但是大家可能就会因此忽略了过程，在第一则故事中，老猎人在讲述他救人的奥秘时的知识绝不是一时偶得，那一定是他无数次独自行走在草原上，在一次又一次的经验与漫长的学习过程中得到的。而商人，也并不是一开始就决定去用贷款方式的，而是在多方了解的基础上才做出的选择，如果没有全面掌握这些情况他也就不会想到这样一个绝妙的好办法。所以我们若想用动态的思维去获取成功的果实，那么一定记得积累的重要性。而在这样的过程中，也很容易让人失去信心和斗志，尤其是当我们在变动中，在挫折中，在放弃中，在前途未知中，更需要我们有坚定的信念和乐观的精神。

坚持就是胜利！

美国人卡尔逊1937年发明了静电印刷术，当时科技界和企业界对此并没有重视，人们看不出它有什么应用前景。然而，纽约州哈雷施乐公司的领导人却独具慧眼，认准了这项发明前途无量，理由是，它能摒弃蜡纸刻写，告别油墨印刷，极大地提高办公效率。该公司倾其所有，投资500万美元，组织技术力量研制复印机。经过长达10年之久的攻关，终于开发出第一台可以使用普通纸的"施乐"复印机。

英国是一个高福利和高薪制国家，只要能找到工作，一般都能拿到理想的工薪，但要找工作却很不容易。有一位22岁的英国年轻人，是名牌大学的高材生，大学毕业后却一直找不到工作。尽管他有一张英国伯明翰大学新闻专业的文凭，但在竞争激烈的人才市场上，却四处碰壁。为了求职，这位年轻人从英国的北方一直到伦敦，几乎跑遍全国。一天，他走进世界著名大报——英国《泰晤士报》编辑部。他鼓足勇气十分恭敬地问招聘主管："请问，你们需要编辑吗？"对方看了看这位外表平常的年轻人，说："不要。"他接着又问："那需要记者吗？"对方回答："也不要。"年轻人没有气馁："那么，你们需要排版工或校对吗？"对方已经不耐烦了，说："都不要。"年轻人微微一笑，从包里掏出一块制作精美的告示牌交给对方，说："那你们肯定需要这块告示牌。"对方接过来一看，只见上面写着："额满，暂不招聘。"他的举动出乎招聘人的意料，负责招聘的主管被这个年轻人真诚而又聪慧的求职行为所打动，破例对他进行全面考核。结果，他幸运地被报社录用了，并被安排到与他的才华相应的外勤部门。事实证明，报社没有看错人，因为20年后，他在这家英国王牌大报的职位是：总编。

这两则小故事向我们展示了坚持的力量，信念的力量，我们在流变的时光中能否耐得住寂寞，把正确的方向坚持到底，不为挫折所苦，反而能苦中作乐，是一种能力，也是一种幸福。

哲理链接 ··

　　辩证唯物主义认为物质决定意识，这就要求我们要一切从实际出发，使主观符合客观；而物质是运动的物质，世界上一切事物都处于永不停息的运动之中，这就要求我们要使主观与客观达到具体的历史的统一；运动是绝对的，静止是相对的，我们离开运动谈静止就会犯形而上学的错误，而离开静止谈运动又会陷入相对主义诡辩论之中。唯物辩证法认为事物是变化发展的，这就要求我们要用发展的观点看问题，认清发展的实质与趋势。

第二编

DI ER BIAN

系统思维——大格局　大收获

为何1+1＜2

有一个俄罗斯的寓言故事，有一天，梭子鱼、虾和天鹅，出去把一辆小车从大路上拖下来，三个家伙一起负起沉重的担子。它们用足狠劲，身上青筋根根暴露；无论它们怎样地拖呀、拉呀、推呀，小车还是在老地方，一步也没有移动。倒不是小车重得动不了，而是另有缘故：天鹅使劲儿往上向天空直提，虾一步步向后倒拖，梭子鱼又朝着池塘拉去。究竟哪个对、哪个错我们不知道，但是问题的关键是小车还是停在老地方。

这个小故事与我们中国人常说的"三个和尚没水吃"有异曲同工之处，要怎样才能做到"三个和尚有水吃"呢，同学们的回答真是五花八门，各具特色：

学生A：给他们配个住持。

学生B：直接从三人中选一个不就好了。

学生C：三人分工合作，让一个挑水，一个打扫，一个烧饭。

学生D：让他们拿来值班，一天一个人。

学生E：要是有人生病了怎么办，要是有一个人特胖，喝得多吃得多怎么办?

学生F:主要是他们三人刚处一起,大家不熟,等混熟了,就不会这样了,你看我们寝室,大家都很自觉,今天是小G扫了厕所,明天还让他扫就不好意思了,所以明天我会去扫的。

学生H:装个自来水啊,现在谁还抬水。

……

我们发现不论我们怎样解决问题,都不能只看一个部分,一个方面或只考虑一个人,否则就与和尚的做法没区别了,那也就是说我们要有一个全局策略,目标是每天都能喝到水,这样才能想办法去优化过程,这就要把根据每一个部分的情况找到最佳组合。从一定意义上说,我们可以把构成一件事情的过程和各个方面,或包含各个部分的一个事物等看做是一个系统。这样我们就更容易清晰地发现目标和解决问题的办法。比如,我国历史上著名的"隆中对"。在三国混战之际,诸葛亮,一个身居小山村里27岁的读书人,能正确地评估各派政治势力,审时度势地制定出一个顺应时代的系统战略——"天下三分"。进而辅佐刘备建立一代蜀国,这就是一个应用系统思维的经典范例。可是在生活和学习中我们思考和解决问题的时候往往"不识庐山真面目",当我们不能从全局上去把握事物,就很难取得正确的认识,也就很难高效地解决问题,有时甚至会带来不可挽回的损失。

不能只见树木，不见森林

　　宋国的城门失火了。离城门不远有一个小池塘，池塘里的鱼都把头冒出水面，挤在一起看热闹，还七嘴八舌地议论："真好看！浓烟滚滚，越烧越旺。""瞧，那些人慌的乱的，哟！当兵的都来了！""这城门还真够经烧的，烧了这么久还没倒。"……一条老泥鳅听见上面吵吵嚷嚷的，也从泥里钻出来看个究竟。一见城门失火，老泥鳅担心地叫起来："哎呀！这下我们可糟了！"看热闹的鱼都把头扭过头来，看着这条大惊小怪的老泥鳅。一条胖头鱼粗声粗气地说："嘿！老家伙！胡说什么呢？城门失火了，关我们鱼什么事呀？""就是，还能把池塘烧起来不成？"所有的鱼都说。"唉！"老泥鳅叹息着说，"城门失火，真正倒霉的可能是你们呀！我嘛，钻到泥里去或许还能逃过这一劫。"说完，又钻回到泥里去了。过了一会，那些看热闹的鱼终于发现情况不妙了。人们纷纷拿着盆子和水桶来舀池塘的水去救火。等到火被浇灭时，小池塘的水也舀干了。那些鱼，有的被人捡了去，剩下的也都干死了。

　　这个故事告诉我们火、水、鱼之间是有联系的，池塘的水能灭城门的火，这是直接联系，鱼儿与城门失火则是间接联系，它是通过池水这个中间环节而发生联系的，老泥鳅之所以能看透这层关系，就是因为它没有只看局部，而是从整体上去思考问题，而其他的鱼就只见树木，不见森林了。

美国底特律的一家汽车公司拆除了一辆日本进口车，目的是要了解某项装配流程：为什么日本人能够以较低的成本做到超水准的精密度与可靠性？他们发现不同之处在于：日本车在引擎盖上的三处地方，使用相同的螺栓去接合不同的部分。而美国汽车同样的装配，却使用不同的螺栓，使汽车的组装较慢、成本较高。为什么美国公司要使用三种不同的螺栓呢？因为在底特律的设计单位有三组工程师，每一组只对自己的零件负责。日本的公司则由一位设计师发展整个引擎或范围更广的装配。具有讽刺意味的是，这三组美国工程师，每一组都按照岗位要求完成了他们的任务，并都认为他们的工作是成功的，因为他们的螺栓与装配在性能上都不错。可是我们知道，世界上没有一件事物是孤立存在的，美国的三组工程师要为同一辆车服务，那在一定程度上这些要素就构成了一个系统，他们只管做自己那部分，而不考虑整辆车的情况，那就一叶障目，不见泰山了。

不能只看眼前，不看长远

美国气象学家爱德华·罗伦兹1963年在一篇提交纽约科学院的论文中提到了一个著名的效应，叫做蝴蝶效应。对于这个效应最常见的阐述是："一只南美洲亚马逊河流域热带雨林中的蝴蝶，偶尔扇动几下翅膀，可以在两周以后引起美国得克萨斯州的一场龙卷风。"其原因就是蝴蝶扇动翅膀的运动，导致其身边的空气系统发生变化，并产生微弱的气流，而微弱的气流的产生又会引起四周空气或其他系统产生相应的变化，由此引起一个连锁反应，最终导致其他系统的极大变化。而我们今天地球气候的急剧变化正在印证着这一效应。从一棵树的砍伐，导致了森林日渐消失；我们一日的荒废，可能是一生荒废的开始……你可能有些不相信，觉得这是危言耸听，但是这些变化也许就在我们身边悄悄地发生着，我们真正难以预料的可能只是从第一块骨牌到最后一块骨牌的传递过程会有多长时间。

而我们在思考一个问题的时候是不是也常常会只顾眼前而不顾长远呢？学习时，"我现在才高一，离高三还远着呢……"；与同学交往时，"凭什么让我跟他和解，又不是只有他一个朋友……"；与父母相处时，"老妈天天唠叨，真是烦死了……"等等。用系统思维的方式看，我们每一个人都有一个社会支持系统，它能帮助我们减轻压力，支持我们不断向前，可是我们经常在不经意间破坏了它而不自知。

我们经常会说"车到山前必有路，船到桥头自然直"，但是，古时候有一个人去天山采莲。爬山之前有人警告过他，天山只有一条路直通山顶，其他的看似是路其实都是半路，走着走着就没有路了。好心人告诉这个人，不要轻易爬天山，如果真的要爬，一定要选择时机，对天山的具体情况了如指掌，这样才有可能爬上山顶，才不会有生命危险。可这个人似乎很有自信，把别人的告诫当做耳旁风，什么准备都没有做，而且选择了一个很差的天气上路了。爬了一会儿，前面出现了两条路，这个人想也没有想就随便选择了一条，他想，车到山前必有路，怕什么呢？就这样走了一段路，突然发现前面果真没有路了。这可如何是好呢？早知道就不走这条路了。他一边想着一边往回走，走着走着，他惊讶地发现又没路了。原来是发生了雪崩，把来时的路堵死了。登山人吓得魂飞魄散，真是叫天天不应，叫地地不灵。几天后他就被冻死了。

这是一个只看眼前，不看长远的典例，它告诉我们不要总以为车到山前必有路，做事之前一定要未雨绸缪，做好各方面的准备工作，否则就可能一着不慎，满盘皆输。我们在下棋的时候都知道要走好每一步，但是有人赢，也有人输，赢的人往往走每一步时已想好了一步棋走下去可能带来的连锁反应，而输的人却往往只管走这一步，至于下一步，那等下一步再说。

车到山前必有路，有时其实是我们为自己的懒惰和短视寻找的一个借口，也是对生活不负责任的表现，当我们整天沉溺在幻想之中，以为会发生奇迹，以为别人会为自己创造奇迹的时候，我们的生命便在幻想中消耗掉了，当有一天来到山脚下的时候，你才发现，矗立在面前的山巍峨无比，根本没有可以走的路。如果侥幸我们的亲人或朋友在每一座山的面前都为我们铺好了路，那么我们的存在还有什么意义，我们是在过自己的人生，还是别人的？所以我们要尽早明确自己的方向和目标，把自己的人生当成一盘棋来规划。

不要做无谓的内耗

钓过螃蟹的人或许都知道，竹篓中放了一群螃蟹，不必盖上盖子，螃蟹是爬不出来的。因为当有两只或两只以上的螃蟹时，每一只都争先恐后地朝出口处爬。但篓口很窄，当一只螃蟹爬到篓口时，其余的螃蟹就会用威猛的大钳子抓住它，最终把它拖到下层，由另一只强大的螃蟹踩着它向上爬。如此循环往复，无一只螃蟹能够成功。

我们是否也在无意间重复了螃蟹的错误呢。早上5：30你本来准备起床背单词，这时天下雨了。你想，下雨了天很阴，还是更适合睡觉，但是你又不想浪费这段时间，觉得这样有点对不起父母供你读书的辛苦。纠结来纠结去，觉也没睡，书也没背成，时间已到8点钟。你想：也不差这一天，算了，还是从明天开始吧。你喜欢一个女孩子，朝思暮想，一个月没好好学习，准备给她写封信。但是转念一想，要是被老师发现了怎么办要是她不喜欢我怎么办还是不写了。又过了一个月，不行，天天都想她，还是得写……到底写不写呢？整整两个月你什么也没干成。大学毕业了，你想还是考研吧，可是看着同学们一个个开始工作，也都小有成绩，你又想还是先工作，等工作稳定了，再考研，可是工作了要是太忙没有时间怎么办，结果过了两三年，你还是一事无成。像这样的事情在我们生活中不算少见，这些人总在不停地内耗，将自己的精力和智慧都消磨殆尽，哪里还有创造美好生活的心思与勇气，使我们的动力系统深受打击，不能发挥应有的作用。

我要1+1＞2

庖丁解牛的智慧

梁惠王看到庖丁正在分割一头牛，但见他手起刀落，既快又好，连声夸奖他的好技术。庖丁答道："我所以能干得这样，主要是因为我已经熟悉了牛的全部生理结构。开始，我眼中看到的，都是一头一头全牛；现在，我看到的却没有一头全牛了。哪里是关节？哪里有经络？从哪里下刀？需要用多大的力？全都心中有数。因此，我这把刀虽然已经用了19年，解剖了几千头牛。但是还同新刀一样锋利。不过，如果碰到错综复杂的结构，我还是兢兢业业，不敢怠慢，动作很慢，下刀很轻，聚精会神，小心翼翼的。"梁惠王说："好呀！我从庖丁这番话里，学到了养生的大道理。"

而我们却还可以从庖丁的话中体会到王国维老先生关于人生境界的思考：第一层："昨日西风凋碧树，独上高楼，望尽天涯路"；第二层："衣带渐宽终不悔，为伊消得人憔悴"；第三层："众里寻他千百度，蓦然回首，那人正在灯火阑珊处"。

我们常常说生活烦琐，人生好复杂，但是我们看牛的结构复不复杂呢？牛无疑也是很复杂的，庖丁解牛，为什么能一刀下去，刀刀到位，轻松简单，原因是什么？是因为他从总体上掌握了牛的结构机理，牛与牛各不相同，但不管是哪国的牛，它的内部结构是一致的，庖丁因为熟悉了牛的结构机理，自然懂得从什么地方下刀。生活也一样，如果我们能领悟了生活的道理，摸准了其中的规律，就能和庖丁一样，做到目中有牛又无牛，就能化繁为简，真正获得轻松。但是要做到这一点却非一日之功。

就比如读书，有的时候读书读烦了，很多同学都会抱怨书太厚，怎么也读不完，读不懂。我们来看看我国的著名数学家华罗庚先生是怎样读书的，他提倡读书多做笔记，多做习题，通过多做笔记，多做习题，就把薄书读成了厚书，因为有了大量的训练，就对书中的基本原理、论证核心逐步有了深刻了解，努力把基本原理、论证核心提炼出来以后，其余部分都是融会贯通的结果了，而基本原理、论证核心却是不多的，所以又把厚书读成了薄书。这个"由薄到厚，由厚到薄"的过程与王国维先生的"境界说"有异曲同工之妙。这也恰恰是庖丁能轻松解牛的原理所在了。而这些都共同体现出了一种从总体着眼的系统思维方式，把"牛"就当成是一个整体，再对它的内部结构一一分解，这样我们才不会犯只见树木，不见森林的错误，进而找到应对人生风雨的有力武器。

不打无准备之仗

历来兵家有一句话叫"兵马未动，粮草先行"，既是强调后勤保障对于战争胜负的重要性，同时又让我们从中感受到战事不是一个点，而是一个系统。而赢得一场战争的关键仍然在于系统的优化，所谓准备也就包含了涉及战事各方环节。话说当年吴越争霸，越王勾践因准备不足，草率用兵的结果就是兵败被围，在会稽山无路可走，最后只能屈膝投降屈辱为奴。他回国后，卧薪尝胆，10年生息，10年积蓄，为了洗雪国耻，越王用了20年的时间精心设计，积极筹划，最后才能抓住机遇，一举灭吴，成就了一代霸主之位。我们设想一下，如果勾践不接受前车之鉴，未做好充足准备盲目报复，那依然是难逃重蹈覆辙的命运。孙子兵法有云：知己知彼，百战不殆，也就是说不打无准备之仗。汉高祖定三秦，明修栈道，暗渡陈仓，准备得何其巧妙；楚霸王目光短浅，刚愎自用，不纳范增之计，岂有不败之理？面对曹操大军压境，诸葛孔明不是消极等待，而是积极行动，不是仓促迎敌，而是寻找战机。巧借东风，火烧赤壁。周密的计划，精心的准备，取得胜利可说是在意料之中，因为机遇从来都留给有准备的人。

这些战事已成后人谈资，我们今天再讲起来更应从中有所悟，所谓不谋万世不足以谋一时，我们做事情要有计划，要谋就要通盘考虑，长远谋划，而不能只顾眼前，不顾长远。这就好像我们参加比赛，如果赛前不做好充足准备，匆忙上场，结果可想而知。而人生好比赛场，对手正是我们自己，那我们是不是该好好规划一下自己的人生，打好这场必然精彩绝伦的战役。

四两拨千斤，细节很关键

美国华盛顿广场有一座宏伟的建筑，这就是杰弗逊纪念馆大厦。这座大厦历经风雨沧桑，年久失修，表面斑驳陈旧。政府非常担心，派专家调查原因。调查的最初结果以为侵蚀建筑物的是酸雨，但后来的研究表明，酸雨不至于造成那么大的危害。最后才发现原来是冲洗墙壁所含的清洁剂对建筑物有强烈的腐蚀作用，而该大厦墙壁每日被冲洗的次数大大多于其他建筑，因此腐蚀就比较严重。问题是为什么每天清洗呢？因为大厦被大量的鸟粪弄得很脏。为什么大厦有那么多鸟粪？因为大厦周围聚集了很多燕子。为什么燕子专爱聚集在这里？因为建筑物上有燕子爱吃的蜘蛛。为什么这里的蜘蛛特别多？因为墙上有蜘蛛最喜欢吃的飞虫。为什么这里的飞虫这么多？因为飞虫在这里繁殖特别快。为什么飞虫在这里繁殖特别快？因为这里的尘埃最适宜飞虫繁殖。为什么这里的尘埃最适宜飞虫繁殖？其原因并不在尘埃，而是尘埃在从窗子照射进来的强光作用下，形成了独特的刺激致使飞虫繁殖加快，因而有大量的飞虫聚集在此，以超常的激情繁殖，于是给蜘蛛提供了丰盛的大餐。蜘蛛超常的聚集又吸引了成群结队的燕子流连忘返。燕子吃饱了，自然就地方便，给大厦留下了大量粪便……因此解决问题的最终方法是：拉上窗帘。杰弗逊大厦至今完好。

这个看似简单的方法背后却有着绝不简单的内涵，当我们面对困境和问题时要从大处着眼，但是绝不能忘了整体是由部分构成的，如果我们不能充分考虑每一个要素，找准它们之间的关系，也就不能实现系统的真正优化。这就好比是用木桶来装水，如果有一个短板，那么木桶能装多少水就要由这个短板来决定了。这就要求我们在解决问题是要充分分析每一个要素和过程，不能忽视细节。古人提倡"天下大事，必作于细；天下难事，必成于易"其道理不言自明；已故总理周恩来就一贯提倡注重细节，他自己也是关照小事、成就大事的典范。"泰山不拒细壤，故能成其高；江海不择细流，故能就其深。"所以，大礼不辞小让，细节决定成败。

但是这繁杂的细节其实也在提醒我们，在实现目标的过程中也要学会化整为零，比如我们很多高一的同学，望着眼前的书本，想着三年后的考试就已感到巨大的压力扑面而来，何况还要应对生活中的种种情况，会觉得实现目标遥遥无期，从而产生懈怠与逆反的情绪，那我们看看这三只钟的故事会不会给我们不一样的启示呢？

一只新组装好的小钟放在了两只旧钟当中。两只旧钟"滴答"、"滴答"一分一秒地走着。其中一只旧钟对小钟说："来吧，你也该工作了。可是我有点担心，你走完三千二百万次以后，恐怕便吃不消了。""天哪！三千二百万次。"小钟吃惊不已。"要我做这么大的事？办不到，办不到。"另一只旧钟说："别听他胡说八道。不用害怕，你只要每秒滴答摆一下就行了。""天下哪有这样简单的事情。"小钟将信将疑。"如果这样，我就试试吧。"小钟很轻松地每秒钟"滴答"摆一下，不知不觉中，一年过去了，它摆了三千二百万次。当我们怀揣梦想踏上征程的时候，当我们面对暂时的挫败而想放弃的时候，想想这三只钟的故事吧！

哲理链接 ....

　　唯物辩证法的联系观要求我们要用联系的观点看问题。我们就要把握事物整体与部分的联系辩证关系，首先，整体和部分是相互区别的，整体是事物的全局和发展的全过程，居于主导地位，整体统率着部分，具有部分所不具备的功能；部分是事物的局部和发展的各个阶段，部分在事物的存在和发展过程中处于被支配地位，部分服从和服务于整体。其次，整体和部分又是相互联系，密不可分的。整体是由部分构成的，离开了部分，整体就不复存在。部分的功能及其变化会影响整体的功能，关键部分的功能及其变化甚至对整体的功能起决定作用。部分是整体的部分，离开了整体，部分就不成其为部分。整体的功能状态及其变化也会影响到部分。这一辩证关系要求我们应当树立全局观念，立足整体，统筹全局，选择最佳方案，实现整体的最优目标，从而达到整体功能大于部分功能之和的理想效果；同时必须重视部分的作用，搞好局部，用局部的发展推动整体的发展。

第三编 DI SAN BIAN
正向思维——激活正能量

对负向思维说NO

为什么我不快乐

　　著名歌唱家帕瓦罗蒂30岁那年的初夏，应邀到法国里昂参加一个演唱会。到达里昂的头天晚上，为了养精蓄锐，帕瓦罗蒂早早地便上床睡觉了。不一会儿，隔壁房间婴儿的啼哭声把他吵醒了。他没有在意，翻身继续睡，可是那个孩子好像专门和他作对似的，竟然一直哭个不停。帕瓦罗蒂用被子蒙住头，可是那极具穿透力的哭声仍然像幽灵一样时刻环绕在他的耳旁，又气又急的帕瓦罗蒂被折腾得睡意全无，只好在房间里来回踱步。孩子的哭声根本没有停止的迹象，而且每一声都跟第一声一样洪亮。这时，帕瓦罗蒂突然想："孩子的哭声与我的歌声不是一样吗？"于是他索性把孩子的哭声当作歌声来欣赏了，渐渐地他竟佩服起那个孩子来，因为想到自己唱歌唱到一个小时，嗓子就沙哑了，而这孩子哭了一两个小时声音却仍然洪亮如初。帕瓦罗蒂立刻转怒为喜，急忙将耳朵紧贴墙壁，认真地倾听起孩子的哭声来。他很快就有了新的发现：孩子哭到临界点的时候会把声音拉回来，这样声音就不会破裂，这说明孩子在用丹田而不是喉咙发音。于是，帕瓦罗蒂也开始学着用丹田发音，试着唱到最高点再慢慢地拉回来。就这样帕瓦罗蒂练了一个晚上，在第二天的演唱会上，他以饱满洪亮的声音征服了在场的所有观众。

如果用一种物体来比喻我们的思维，我觉得它就像是一个杯子，水还是那个水，就看我们用什么样的杯子来盛，如果杯子是圆柱形的，水就呈现圆柱形；杯子是正方体的，水就呈现正方体。孩子的哭声没有变，帕瓦罗蒂换了一种思维来看待，事情就有了不一样的变化。有一个小故事说，一个佛陀在旅途中，碰到一个不喜欢他的人。连续好几天，好长一段路，那人用尽各种方法污蔑他。最后，佛陀转身问那人："若有人送你一份礼物，但你拒绝接受，那么这份礼物属于谁呢？"那人回答："属于原本送礼的那个人。"佛陀笑着说："没错。若我不接受你的谩骂，那你就是在骂自己了？"那人摸摸鼻子走了。

你用积极正向的思维去思考，那往往看到的是希望，如果用消极负向的思维去思考，那往往看到就是绝望。我们也都有过这样的经验，在上网时，我们在搜索引擎上敲进"成功"两个字，无数的有关"成功"的信息就会出现；如果我们敲入"失败"两个字，同样也有无数的有关"失败"信息出来。人的思维方式跟敲键盘是一样的，正向积极地思维，就会得到积极的答案；负向消极地思维，当然就会得到消极的答案。而我们的思维方式决定了我们思考的品质，也就决定了我们面对问题与解决问题的质量，进而决定了我们的未来。

有一位古希腊哲人，家居狭小，却有众多朋友时时造访，别人看着都烦，就问他不烦吗？他回答说：朋友朝夕相处，可以随时请教问题，有什么不好呢？后来，朋友们不来了，他依然快乐自在，邻人更不理解了，问其缘由，回答说：朋友们不来了，家里安静了，正好可以独自看书思考，有什么不快乐呢？这就是典型的正向思维，这是一种快乐的思维方式，相反负向思维往往是我们不快乐的原因。所以每当有人说了让你不舒服的话或做了让你不舒服的事，在你心里升起负面的情绪的时候，我们先想想如果有人到你家里放了一把火，你是先救火还是先去追杀那个人，你会说肯定想办法先救火，可是为什么当别人在你心里点了一把火的时候你却只想着先去责备别人，而任由自己的心火越烧越旺呢，这时我们需要对症下药，而正向思维就是药引。

你看到了什么？

一张白纸上面有一个黑点，有的人只看到黑点，是因为他钻进了死胡同，将黑点无限扩大化了，因此全然不觉周围还有着大片的白纸。其实白纸的比重和面积远远大于黑点，只是我们被黑点蒙蔽了双眼，犯了以偏概全的错误。那么，生活中我们应用什么样的眼光来看待世界呢？我们应该选择正向思维去积极地面对。

经科学家研究证明，正向思考的神经系统所分泌的神经传导物质具有促进细胞生长发育的作用。因为人体的神经系统与免疫系统相互关联，所以在人们展开正向思考时，身体的免疫细胞也会同样变得活跃起来，并继续分化出更多的免疫细胞，使人体的免疫力增强。所以一个积极面对生活、对身边一切经常采取正面思考的人，更不容易生病，也更容易获得长寿、健康的人生。另外当我们正向思维时，我们的大脑就会处于积极活跃的状态。它会使我们的情绪变好，思维速度快速运转，让问题迎刃而解。成功者大多具备这种思维方式，因而对渴望成功的人来说，都希望获得正向思维的能力。

我们来看看美国前总统罗斯福的眼中看到的是什么：一天，美国前总统罗斯福的家中失窃，损失了很多钱财。一位朋友得到消息后立刻给罗斯福写了一封信，希望可以安慰他一下。不久，这位朋友就收到了罗斯福的回信，信中写道："亲爱的朋友，非常感谢你来信安慰我，我现在很平安，请你放心，而且我还要感谢上帝：首先，小偷偷去的是我的东西，但是没有伤害到我的生命；其次，小偷只偷去了我家的一部分东西，而不是所有；再次，最让我值得高兴的是，做小偷的是他，而不是我。"这是一个广为流传的故事，罗斯福所列举出的三条感谢上帝的理由，充分显示了他作为正向思考者的特质。这种特质也成为他深受美国民众和世界人民尊敬的原因之一。有人可能不知道，这样一位曾在美国政坛连任四届总统，并对联合国的建立作出过突出贡献的政界精英，竟然会是一个从小患有小儿麻痹症的人。罗斯福的一生都闪耀着夺目的光彩，这得益于他的聪慧与勤奋，更得益于他所具备的正向思考特质，正是这种正向思考特质使他充分发挥出了生命的力量，成为美国历史上最伟大的总统之一。有一句名言说："生活是一面镜子，你对它哭，它就对你哭；你对它笑，它就对你笑。"这句话真是形象地表达了正向思维的意义：用积极的心态去面对生活中的一切，就会得到一切美好的结果，再使之作用于生活，生活就会越发朝着美好的方向发展。

正向思维的建立并不仅仅只是一个思维模式的培养过程，而是需要我们在生活与学习中长期实践与强化，并且反复调整的过程，这个过程不但有助于我们思维品质的发展，更有助于我们生活质量的提升。

生命的本质是阳光

活在当下

● 随手关上身后的门

英国前首相劳合·乔治有一个习惯——随手关上身后的门。他说，"我这一生都在关我身后的门，这是必须做的事。当你关门时，也将过去的一切留在后面，不管是美好的成就，还是让人懊恼的失误，然后，你才可以重新开始。"

一个农夫担着两筐鸡蛋去集市里卖。在经过一个山坡时，几十个鸡蛋从筐里掉出来摔了个粉碎。但是，这个人头也不回地只管向前走。有人就提醒他："你的鸡蛋摔碎了不少，你怎么不看看？"这个人回答说："我知道啊！但幸好没有都摔碎。既然碎的已经碎了，看了又有什么用呢？还不如早点赶到集市上去卖个好价钱呢。"

农夫对于鸡蛋摔碎的思考是典型的正向思维：幸好没有全摔碎。这向前一步的思考，就是助我们成功的一臂之力。有句话说：

"心有多大，舞台就有多大。"能说出这样的话的人必是心中有大格局的人，能够用正向积极的思考方式去对待过去，随手关掉身后的门，而不是停在过去不肯向前。想想我们是不是会因为一次作文跑题而沮丧气馁，会不会因为输掉一场比赛就放弃下一场……可是无论我们怎么抱怨，事实发生过的事情不可更改，过去的已经过去，印度诗人泰戈尔在他的诗中写道："如果你为失去太阳而哭泣，你也将失去星星。"而我们能做的就是总结经验教训，有人说失败是成功之母，其实如果失败了，只是沉浸在失败的情绪当中，不但不能成功，反而会拖住我们走向成功的后腿，而对失败的正确认识才是成功之母，而要想对失败有正确的认识，正向的思维必不可少，而首先就是要关掉身后的门，也许用正向思维去深入到每一件事物当中，可能是不容易的事，但是，相信当我们的正向思维的范围越是宽广，得到的也就越多。

● 享受过程而非担心结果

有一个年轻人自认看破红尘了，每天什么都不干，懒洋洋地坐在树底下晒太阳。有一个智者问他："年轻人，这么大好的时光，你怎么不去赚钱？"年轻人说："没意思，赚了钱还得花。"智者又问："你怎么不结婚？"年轻人说："没意思，弄不好还得离婚。"

智者说："你怎么不交朋友？"年轻人说："没意思，交了朋友弄不好会反目成仇。"智者给年轻人一根绳子说："干脆你上吊吧，反正也得死，还不如现在死了算了。"年轻人说："我不想死。"智者于是说："生命是一个过程，不是一个结果。"年轻人幡然醒悟……其实我们的学习何尝不是一个过程呢，记得有一次听到一位同学说：就算我努力读书了，结果也不知会怎样，不如算了……这其实是受负向思维的影响了，我们还没开始努力就在担心结果了，而这样担心的结果却是会导致情绪波动大，学习成绩不稳定，受挫折的能力降低，同时也大大地耗损了我们的精力。让我们学着用正向思维把学习看成一个过程，在学的过程中享受知识带给我们的满足感、充实感。享受过程，精彩每一天，而今天的精彩必然换来明天的辉煌。

有一个小和尚，每天清晨负责清扫寺庙院子的树叶。在凉风习习的清晨扫落叶，确实是一件苦差事。尤其是在秋冬天，每当刮风时，树叶总随风飘扬，落得满院都是，扫起来特费劲。每天早晨需要花大量的精力和时间才可以完成任务，这让小和尚头痛不已。于是，他就想方设法使自己轻松些。庙里另一个老和尚提了一个建议跟他说："你在清扫之前，先用力摇树，让树叶统统落下来，树叶就不会满天飞，你以后就不需要那么辛苦扫落叶了。"小和尚认为老和尚言之有理，于是他就照着老和尚的意思办。第二天，他一大早起床，用力摇树，一片片树叶飒飒往下落，然后把树叶扫光。小和尚自以为得逞，那一整天，他都兴高采烈。第二天，那位小和尚神采奕奕地来到院子，不禁傻了眼，院子如同往日一样落叶满地，小和尚百思不解。

其实道理很简单，我们可以根据规律预测天气情况，但是我们确实不知明天会发生什么，如果我们试图揣测，那就是平白给自己增加烦恼。有一句话说："你所担心的事情，从来不会发生。"这虽然夸张了些，但是却不无道理在其中，为了明天的烦恼而忘记今天该做的事情，只会让我们连今天的事也做不好，这岂不是得不偿失。丘吉尔在二战期间每天工作长达18个小时，有人问他是否感到忧虑，他回答说："我太忙了，根本没有工夫去发愁。"所以我们唯有全身心投入学习和生活，把握好每一个今天，努力充实自己，提高自身的能力，这样无论未来会面对什么情况，我们都能够从容应对、游刃有余，这才是正向思维的真义所在。

发现美好，积累正能量

● 悦纳自我

在一次讨论会上，一位著名的演说家没讲一句开场白，手里却高举着一张20美元的钞票。对着会议室里的200个人，他问："谁要这20美元?"一只只手举了起来。他接着说:"我打算把这20美元送给你们中的一位,但在这之前,请准许我做一件事。"他说着将钞票揉成一团,然后问:"谁还要?"仍有人举起手来。他又说:"那么,假如我这样做又会怎么样呢?"他把钞票扔到地上,又踏上一只脚,并且用脚碾它。然后他拾起钞票,钞票已变得又脏又皱。"现在谁还要?"还是有人举起手来。"朋友们,你们已经上了一堂很有意义的课。无论我如何对待那张钞票,你们还是想要它,因为它并没贬值,它依旧值20美元。人生路上,我们会无数次被自己的决定或碰到的逆境击倒、欺凌甚至碾得粉身碎骨。我们觉得自己似乎一文不值。但无论发生什么,或将要发生什么,在上帝的眼中,你们永远不会丧失价值。在他看来,肮脏或洁净,衣着齐整或不齐整,你们依然是无价之宝。"看了这个故事我们一定要记住——我们每一个人都是独一无二的,生命的价值取决于我们自身。

● 积累正面能量

珍妮是一个新闻播报员,最初她本想应聘该公司的记者职务,但是却因为经验不足被安排在了一个在她看来有些乏味的工作岗位上。初来这个岗位时,上级只准许她预报时间和节目介绍,这让生性活泼外向的珍妮感到索然无味,一连几个月下来,她的心情糟糕到了极点。她每天都沉着脸，同事们也渐渐疏远了她。后来珍妮意识到了自己的问题，想想自己对记者是多么向往，也许过不了多久自己就能拥有采访的机会，如果一直以这样的态度工作，简直是在浪费自己的青春。经过一番思考，珍妮终于找到了改善自己工作的方法。由于每周两次晚间播报的前10秒钟可以由她自己控制，所以她完全可以将其充分利用起来。在10秒空闲时间里，珍妮每次都会轻松幽默地讲述一些她的所见所闻，或是感动她的一些小事情。例如"今天的天气真的很不错"、"昨天的网球比赛棒极了"等。很快，这个10秒效应就改变了她的心情，每天一句话成了她一天中最大的乐趣。随着电视观众和领导的好评，珍妮变得开朗起来，周围的同事也不再疏远她，并时常称赞她。大家的鼓励使珍妮拥有了更大的工作热情，她开始花更多的时间思考如何才能把节目做得更精彩，当然工作也越来越出色。很快，她就被提升到了更高的职位。

珍妮正是在正向思维的实践过程中提升了自己，从而为自己的内心创造了更多正向积极美好的能量，进而获得了更大的成功。我们每一天都在积累，但是有的人记住的是那些不愉快的事，而负面的情绪在心中累积的结果就是让自己的生命质量越来越差，而有的人记住的是那些愉快的事，他们通过与自己、与他人、与社会、与自然之间的良性沟通与和谐交流，不断地坚固自我生命，从而踏上了通往卓越的人生旅途。

把时间交给靠谱的人和事

甲乙挑水卖，一桶1元，一天20桶。甲："现在可挑20桶，老了还可一天挑20桶吗？挖条水管，就好了。"乙："时间花去挖水管，一天就赚不到20元。"乙继续挑水，甲每天只挑15桶，剩下的时间挖水管。五年后，乙每天只能挑19桶，甲挖通水管，只要开水龙头就可以赚钱。

如果是你，你会怎么做？

● 价值期许

有三个工人在砌一堵墙。有人过来问："你们在干什么？"第一个人没好气地说："没看见吗？砌墙。"第二个人抬头笑了笑，说："我们在盖一幢高楼。"第三个人边干边哼着歌曲，他的笑容很灿烂开心："我们正在建设一个新城市。"10年后，第一个人在另一个工地上砌墙；第二个人坐在办公室中画图纸，他成了工程师；第三个人呢，是前两个人的老板。我们怎样看待自己正在做的事情？你是否认为每天重复一个单词很无聊？你是否认为每天练习一个类型的题目是很没有意义的事情？……可是我们却并未意识到每一件平凡的事情其实正是大事业的开始，当我们意识到这一点的时候就是我们事业开始的时候。

● 信念

珍妮是个总爱低着头的小女孩，她一直觉得自己长得不够漂亮。有一天，她到饰物店去买了只绿色蝴蝶结，店主不断赞美她戴上蝴蝶结挺漂亮，珍妮虽不信，但是挺高兴，不由昂起了头，急于让大家看看，出门与人撞了一下都没在意。珍妮走进教室，迎面碰上了她的老师，"珍妮，你昂起头来真美！"老师爱抚地拍拍她的肩说。那一天，她得到了许多人的赞美。她想一定是蝴蝶结的功劳，可往镜前一照，头上根本就没有蝴蝶结，一定是出饰物店时与人相撞弄丢了。这就是信念的力量，美国作家欧亨利在他的小说《最后一片叶子》里讲了个故事：病房里，一个生命垂危的病人从房间里看见窗外的一棵树，在秋风中一片片地掉落下来。病人望着眼前的萧萧落叶，身体也随之每况愈下，一天不如一天。她说："当树叶全部掉光时，我也就要死了。"一位老画家得知后，用彩笔画了一片叶脉青翠的树叶挂在树枝上。最后一片叶子始终没掉下来。只因为生命中的这片绿，病人竟奇迹般地活了下来。

信念是什么，是希望，是我们对自己人生的正向期许，是永不放弃的追求，有一句俗语说：生活真是有趣，如果你只接受最好的，你经常会得到最好的。

● 时间管理

法国著名法国思想家伏尔泰出了一个谜题，看哪个同学最快猜出答案。"世界上哪样东西最长又是最短的，是最快又是最慢的，最能分割又是最广大的，最不受重视又是最值得惋惜的；没有它，什么事情都做不成；它使一切渺小的东西归于消灭，使一切伟大的东西生命不绝。"这是什么？没错，就是时间。

下面我们来看看你的时间管理有没有不妥之处？

（1）你是否想在一节课完成几个学科的作业，边听课边做别科作业？但似乎无法完成？

（2）你是否因顾虑其他的杂事而无法集中精力来做目前该做的事？

（3）如果你的学习计划被一些突发事件打断，你是否觉得可原谅而不必找时间补？

（4）你是否经常一天下来觉得很累，却又好像没学到什么？

（5）你是否觉得老是没有什么时间做运动？

（6）你是否觉得总没时间做一些自己喜欢的杂事，哪怕是摆弄一下喜欢的小玩意也没空？

以上问题只要有两个回答"是"，那你的时间管理就有欠缺之处。

而当我们的时间管理不合理时，就会滋生出很多无谓的烦恼，负向思维就会趁虚而入，那么怎么办呢？学会和时间赛跑。假如你一直和时间比赛，你就可以成功！

"JUST DO IT"

当我们有了梦想，有了想法，有了解决问题的方法，如果只是让它留在脑子里，那么这些东西就会慢慢烂掉，还会让我们的大脑受害，所以我们要拿出自己的勇气竭尽所能去行动，不要当一只"不生蛋的鸡"，唯有在行动上脚踏实地，才能梦想成真。所以更多的时候"方法总比问题多"是一种信念，也是一种勇气，但是我们要让这信念实现，必须拿出行动来，哪怕只有百分之一的希望，也值得你去试一试，在当今社会，不仅"适者生存"，更是"试者生存"。

哥伦布发现美洲后，许多人认为哥伦布只不过是凑巧看到，其他任何人只要有他的运气，都可以做到。于是，在一个盛大的宴会上，一位贵族向他发难道："哥伦布先生，我们谁都知道，美洲就在那儿，你不过是凑巧先上去了呗！如果是我们去也会发现的。"面对责难，哥伦布不慌不乱，他灵机一动，拿起了桌上一个鸡蛋，对大家说："诸位先生女士们，你们谁能够把鸡蛋立在桌子上？请问你们谁能做到呢？"大家跃跃欲试，却一个个败下阵来。哥伦布微微一笑，拿起鸡蛋，在桌上轻轻一磕，就把鸡蛋立在那儿。哥伦布随后说："是的，就这么简单。发现美洲确实不难，就像立起这个鸡蛋一样容易。但是，诸位，在我没有立起它之前，你们谁又做到了呢？"

正向思维的基础是我们的实际行动，如果只有想而没有做，那么这种想也只是水中月、镜中花，是不能常开不败的，而只有在行动中才能永恒。我们都见过蜘蛛的网，但是我们可能没有想过它不会飞，为什么能把网结在空中，一天，我们会突然发现，一只黑蜘蛛在后院的两檐之间结了一张很大的网。它从这个檐头到那个檐头，中间有一丈余宽，第一根线是怎么拉过去的？后来，我们发现蜘蛛走了许多弯路从一个檐头起，打结，顺墙而下，一步一步向前爬，小心翼翼，翘起尾部，不让丝沾到地面的沙石或别的物体上，走过空地，再爬上对面的檐头，高度差不多了，再把丝收紧，以后也是如此。于是我们知道了奇迹是执着的行动者创造的。"即使不会飞翔，蜘蛛一样把网结在空中。"

弟子问师父："怎样创造奇迹？"师父答："你现在为我烧饭，一会告诉你。"饭熟后师父说："你开始做饭的时候，是生米，你不断地添柴加火，就将生米煮成了熟饭，这不是一个奇迹吗？"弟子恍然大悟。做，做事，认真做，努力做，坚持做，奇迹自然而生。有一个人经常出差，经常买不到对号入座的车票。可是无论长途短途，无论车上多挤，他总能找到座位。他的办法其实很简单，就是耐心地一节车厢一节车厢找过去。这个办法听上去似乎并不高明，但却很管用。每次，他都做好了从第一节车厢走到最后一节车厢的准备，可是每次他都用不着走到最后就会发现空位。他说，这是因为像他这样锲而不舍找座位的乘客实在不多。经常是在他落座的车厢里尚余若干座位，而在其他车厢的过道和车厢接头处，居然人满为患。他说，大多数乘客轻易就被一两节车厢拥挤的表面现象迷惑了，不大细想在数十次停靠之中，从火车十几个车门上上下下的流动中蕴藏着不少提供座位的机遇；即使想到了，他们也没有那一份寻找的耐心。眼前一方小小立足之地很容易让大多数人满足，为了一两个座位背负着行囊挤来挤去有些人也觉得不值。他们还担心万一找不到座位，回头连个好好站着的地方也没有了。而很多人就是在这样的踌躇之中错过很多，这些不愿主动找座位的乘客大多只能在上车时最初的落脚之处一直站到下车。

正向思维不是逃避问题的保护伞

所谓过犹不及，我们提倡正向的思维方式，但不是盲目乐观。如果你因为做错了事情而被老师批评，这时你认为："没关系，这件事看起来是个错误，实际上并不是，即使我在小事上没做好，但是只要我一直保持积极乐观的心态，成功迟早有一天是属于我的。"如果一个人总是抱有这样的心态，总是认为"这次错误只是个偶然情况"，那么长此以往肯定会酿成大错。我们不能把正向思维当作是为失败或错误开脱的理由，我们能够积极对待，吸取教训，这是有意义的，但是如果总是敷衍了事，那就有害了，那就会得出这样一个结论，就是"错误不关我的事，我不需要改变"。如果抱有这种想法，我们就会变成那种逃避现实、不思进取和不负责任的人。同时还会遮蔽一切负面信息，因此也就不能面对真正的现实，那就更不要提如何去努力解决问题的正面思维了。

辩证唯物主义认为意识对物质具有能动的反作用，意识

哲理链接 ··

对人体生理活动具有调节和控制作用。辩证唯物主义认识论
告诉我们实践是认识的基础，认识反作用于实践，真理性的
认识指导实践向前发展，谬误则会阻碍实践的发展。唯物辩
证法认为事物发展的道路是曲折的，前途是光明的。

第四编

DI SI BIAN

质疑思维——思维中的先导者

要敢于怀疑一切

　　自然科学史上很多的重大突破都始于质疑，居里夫人质疑铀射线的能量来自于什么地方？这种与众不同的射线的性质又是什么？她决心揭开这个秘密，于是有了近代科学史上最重要的发现之一——放射性元素镭，并奠定了现代放射化学的基础。牛顿质疑苹果为什么是掉在地上而不是天上，他潜心研究，于是有了物理学史上的奠基之作——万有引力定律。哲学社会科学史上的质疑同样壮观，泰勒斯在仰望苍穹的无限思考中提出了"水是万物的本原"从而成为西方哲学之祖，在几乎同时代的中国，伟大的诗人屈原对有关于宇宙、自然和历史的传统观念提出了许多的怀疑与质问，并著成了《天问》一书。我们今天的社会要求我们不能只是踏着前人的脚印走路，更要有前人的质疑精神，我们要有所发现，有所创造就要从疑开始。古人有云，"学贵有疑。小疑则小进，大疑则大进。"因为，"疑者，觉悟之始也。"

不迷信权威

亚里士多德曾说过：吾爱吾师，吾更爱真理。亚里士多德（公元前384—前322），古希腊哲学家、科学家，是亚历山大大帝的教师。马克思、恩格斯称他为古希腊哲学中"最博学的人"。他将科学分为理论的科学、实践的科学、创造的科学。他在生物学、生理学、医学等方面都有突出的贡献。他曾经有一个非常著名的论断，物体的下落速度与它们的质量成正比，越重的物体下落速度越快。一个10磅重的铁球与一个1磅重的铁球，从同样的高度落下，10磅的铁球会先着地，而且速度比1磅的铁球快10倍。他还举例说，铁球的落地速度总是比鸟类羽毛快，秋天的落叶总是缓缓飘落，而成熟的苹果却是迅速落地的。基于亚里士多德的"权威论断"和生活中的部分事实，此后的两千多年间，几乎没有人怀疑过这个"真理"。

终于有一天，一个勇敢的年轻人对此提出了质疑——这人就是伟大的伽利略，他心想，如果把100磅的球和1磅的球连在一起，让他们从高处落下，情况会怎样呢？于是，伽利略就在比萨斜塔上做了那个著名的自由落体实验，实验证明：轻重不同的物体，在相同的条件下，会同时落地。

按照亚里士多德的理论，就会得到相反结论，就是鸟类羽毛由于体积相对较大，下落过程中其单位重量所受到的空气阻力远远超过了铁球和苹果，因而出现了铁球落地快、鸟类羽毛落地慢，苹果落地快、树叶落地慢的现象——但这并没有影响到伽利略自由落体定律的正确性。正是敢于质疑，伽利略才成为推翻亚里士多德"权威论断"的第一人，同时，也成为物理学中自由落体定律的发现者。著名的比萨斜塔实验，使伽利略一举成为物理学发展史上一位耀眼的明星。

无数的事实提醒我们，要想有所创造，我们就要敢于去质疑权威，孟子说过："尽信书，则不如无书。"这虽然说得是读书法，但是里面却表现出可贵的质疑精神。古往今来，人们关于书已不知有过多少礼赞。的确，书是人类进步的阶梯，对很多人来说，还是他们崇拜的对象。但是，如果我们完全信书，唯书本是从，轻则使个人成为书呆子，重则形成所谓"本本主义"、"教条主义"和"唯书"的作风，贻害无穷。可是随着我们年龄的增长，面对越来越多的所谓标准答案的时候，我们这里所说的标准答案并不一定是做课本练习时的标准答案，在生活中也有很多，我们习惯了由父母决定，老师决定，甚至社会决定，"公务员好啊，稳定啊，去考吧"……诸如此类的"标准答案"，我们已经忘记了自己想要什么，或者是从没想过自己想要什么，当我们心中被太多的"标准答案"和"得失成败"给塞得满满的时候，也许我们就已经走到了"真理”的反面了，而我们的创造力也就在这样的“标准答案”中消磨殆尽了。所以面对“权威”我们要勇于质疑，大胆思考，让我们思维的火花闪耀。

并不是非黑即白

非黑即白、非此即彼，是不少人在成长中养成的一种思维习惯。小时候，我们在看小人书、看电影的时候，总爱问大人：“这是好人还是坏人呢？”那时我们觉得这个世界上的人不是好人就是坏人，不存在不好不坏的人。这样慢慢很多人就形成了一说什么东西好就全是优点，一说什么东西不好就全是问题的习惯。“非黑即白”、“非此即彼”是一种绝对化的思维模式，它是在潜移默化中走进了我们的大脑。这种简单、机械的思维方式，不仅会直接影响一个人的情绪和身心健康，还会使我们思考的质量下降。

有一位富有朝气与活力的同学在班长竞选中失利了。他对自己的评价是：“我输掉了竞选班长的机会，今后我在班级里再也不会有什么作为了，一切都结束了。”这类人一遇见挫折，马上就会产生彻底失败的感觉，随即丧失的就是自信，他们会觉得自己已经不具备任何价值。学生害怕考试是正常的事。有的学生，平时成绩一直是 A，偶然在一次考试中得了 B，随后就说：“我现在算是全失败了。"稍遭遇点坎坷，就从一个极端走向另一个极端。还有人面对高考落榜，就认为自己是彻底的失败。"我没有考上大学，我的一生就要完蛋了。"只要生活中出现失利的事情，这类僵化的思维方式就会倾向于用一种非黑即白的方式去评价事情。

最后的结果就是：自己不信任自己，自己否认自己的能力。这种走极端的错误想法，源于凡事都要求十全十美的"完美主义"思想。完美主义者不允许自己有任何小的失误或不完善，否则就会产生极大的失望和恐慌。一旦碰到挫折，就会彻底否定自己，认为自己不可能再成功了。其实在实际生活中很少是绝对的非此即彼。可以说，没有一个人是绝对的优秀或绝对的愚蠢；也没有一件事情是绝对的完美和绝对的糟糕。完美主义者想要100%达成目标，他们觉得这样才算完美，就算99%达成目标仍算失败。可是正如亨利·比群所说："当一个人标榜他已做到十全十美的地步时，他的容身之处就只剩两个地方：一个是天堂，另一个则是疯人院。"

"金无足赤、人无完人"这个道理大家都知道。没有人会是绝对的完美无瑕或者是绝对的丑陋不堪。就是面对一个窗明几净的房子，只要你弯腰，在洁净的地板上，依然可以找到一些小灰尘，干净只是相对而已。有一个很简单的办法，可以改变非黑即白、非此即彼的思维习惯，就是学会保存一个"中间地带"、放弃完美主义情结。我们中国有一句古话叫：水至清则无鱼，人至察则无徒。大千世界不乏"中间人物"：比坏人好，比好人坏的人到处都有。一次失败并不表示自己永远不会成功，失败只是成功的一个过程，每个成功者都有失败的经历；这件事情做得不够完美，我们还有机会从头再来。这样我们才能搞清缘由，发挥质疑的力量从失败中吸取教训，从人事关系中汲取经验，从而实现人生的成功。

不要一厢情愿主观臆断

如果有下面这两个问题请你回答，你会怎么做？

问题一：如果你知道一个女人怀孕了，她已经生了8个小孩子了，其中有3个耳朵聋，2个眼睛瞎，一个智能不足，而这个女人自己又有病，请问，你会建议她堕胎吗？

问题二：现在要选举一名领袖，而你这一票很关键，下面是关于3个候选人的一些事实：

候选人A：跟一些不诚实的政客有往来，而且会星象占卜学。他有婚外情，是一个老烟枪，每天喝8到10杯的马丁尼。

候选人B：他过去有过2次被解雇的记录，睡觉睡到中午才起来，大学时吸鸦片，而且每天傍晚会喝很多的威士忌。

候选人C：他是一位受勋的战争英雄，素食主义者，不抽烟，只偶尔喝一点啤酒。从没有发生婚外情。

做好选择了吗？下面我来宣布答案：

候选人A是富兰克林·罗斯福，候选人B是温斯顿·丘吉尔，候选人C是阿道夫·希特勒。

你是不是选择了希特勒？那你会建议那个妇女去堕胎吗？你可能会说：这个问题不用考虑，我们提倡优生优育，都生那么多歪瓜劣枣了，就别再添乱了。我建议她去堕胎。可是如果这样的话你就扼杀了贝多芬，她是贝多芬的母亲。

是不是吓了一跳，本来你认为很好的答案，结果却扼杀了贝多芬，创造了希特勒？

这两个问题向我们揭示了一个我们在思考过程中重要的注意事项，也就是不要用既定的价值观，凭着一厢情愿主观臆断来思考问题。我们经常会因为对人的情绪或自身的主观因素而影响了对事情的判断，就像经常会有同学说，我讨厌这个老师，才不要听他的课呢。那么换种方式说，因为这个老师，我才来听课，那这个命题就经不起逻辑的推敲了，因为这时你让其他条件情可以堪。

同时，凭主观臆断我们也易形成站队思维，何谓站队思维，比方说：360和QQ在死掐，双方的阵营里都有你的朋友，你帮哪一头？Windows和Linux阵营各执一词，你拥护谁？韩寒和方舟子，你总要表态……谁都不愿意被当作墙头草，可是当你选择一个队伍的时候，这个队伍一定是站在真理一方吗？你是凭着什么来做出选择的，是客观事实，还是主观臆断？在电影《让子弹飞》里面，有一句让人印象深刻的话，"谁赢跟谁"，事实上这是非常有害的思维方式，它常使我们不加质疑地站在了真相的反面，这样我们就很难发现事物的本质，进而找到解决问题的有效方法。

不要习以为常

有人曾经做过这样一个实验：他往一个玻璃杯里放进一只跳蚤，发现跳蚤立即轻易地跳了出来。再重复几遍，结果还是一样。根据测试，跳蚤跳的高度一般可达它身体的400倍左右，所以说跳蚤可以称得上是动物界的跳高冠军。接下来实验者再把这只跳蚤放进杯子里，不过这次是立即同时在杯子上加一个玻璃盖，"嘣"的一声，跳蚤重重地撞在玻璃盖上。跳蚤十分困惑，但是它不会停下来，因为跳蚤的生活方式就是"跳"。一次次被撞，跳蚤开始变得聪明起来了，它开始根据盖子的高度来调整自己所跳的高度。再一阵子以后呢，发现这只跳蚤再也没有撞击到这个盖子，而是在盖子下面自由地跳动。一天后，实验者开始把这个盖子轻轻拿掉，跳蚤不知道盖子已经去掉了，它还是在原来的这个高度继续地跳。三天以后，他发现这只跳蚤还在那里跳。一周以后发现，这只可怜的跳蚤还在这个玻璃杯里不停地跳着——其实它已经无法跳出这个玻璃杯了。

现实生活中，是否有许多人也过着这样的"跳蚤人生"？年轻时意气风发，屡屡去尝试成功，但是往往事与愿违，屡屡失败以后，他们便开始不停地抱怨这个世界的不公平，抱怨自己的运气差，他们不去思考失败的原因，想方设法去追求成功，而是一再地降低成功的标准——即使原有的一切限制已取消。就像那只跳蚤，"玻璃盖"虽然早就被取掉，但他们却已经被撞怕了，不敢再跳了，或者说他们已习惯了，不想再跳了。他们从来不去质疑那个玻璃罩，并且把它当成了自己的保护伞，当成自己不敢或不愿去努力的借口。难道跳蚤真的不能跳出这个杯子吗？绝对不是。只是它的心里已经默认了这个杯子的高度是自己无法逾越的。它已经习惯了这样的高度，不愿再花更多的力气去尝试了。

其实让这只跳蚤再次跳出玻璃杯子的方法十分简单，只需拿一根小棒子突然重重地敲一下杯子；或者拿一盏酒精灯在杯底下加热，当跳蚤热得受不了的时候，它就会"嘣"的一下，跳了出去。对我们来说，质疑的声音就是这一声重敲或是加热的热量，它提醒我们勇于跳出自我设限的框框，打破习以为常的枷锁，去收获人生新的高度。

学会提问

提出问题比解决问题更重要

孔子东游，见两小儿辩斗，问其故。

一儿曰："我以日始出时去人近，而日中时远也。"

一儿以日初远，而日中时近也。

一儿曰："日初出大如车盖，及日中则如盘盂，此不为远者小而近者大乎？"

一儿曰："日初出沧沧凉凉，及其日中如探汤，此不为近者热而远者凉乎？"

孔子不能决也。

两小儿笑曰："孰为汝多知乎？"

在这个耳熟能详的故事中，我们发现了两小儿身上可贵的独立思考，不迷信权威的质疑精神，关键的就是他们在碰到事情的时候会去问。

18世纪初，天花在欧洲流行，可怕的天花夺去了许多人的生命，即使侥幸活下来的人，脸上也长满了疤痕。一位叫爱德华·琴纳的英国乡村医生发现奶牛场的女工从来没有得过天花，这让他感到很奇怪，于是，他便到奶牛场进行实地考察。经过认真观察，她发现奶牛总得一种叫牛痘的病，奶牛场的女工被奶牛传染，也会得牛痘。爱德华·琴纳心想：是不是得了牛痘就不会得天花？如果给人接种牛痘，是不是就不会得天花了呢？接着爱德华·琴纳就开始着手进行实验。当天花再次大面积流行时，配合爱德华·琴纳进行实验的两千多名接种牛痘的村民，没有一个传染上天花。事实证明了爱德华·琴纳的大胆猜想。

如果爱德华没有去问为什么，那么这场灾难可能会夺去更多人的性命。可是爱德华之所以能提出这样的问题源于他对事物的细心观察，如果我们只是为了问而问，那么低质量的问题并不能帮助我们，反而会让我们的思维停滞不前，所以在细心观察的前提下大胆思考才能提出高质量的问题，并有助于促进事物的发展。

要独立思考

纵观世界上那些有杰出贡献的人，他们都有一个共同点，那就是善于独立思考。哲学家苏格拉底在课堂上拿出一个苹果，让学生们闻空气中的味道。一位学生举手回答说："我闻到了苹果的香味!"苏格拉底走下讲台,举着苹果慢慢地从每个学生面前走过,并叮嘱道:"大家再仔细闻一闻,空气中有没有苹果的香味?"这时已有半数学生举起了手。苏格拉底又重复一遍相同的问题,结果除了一名学生没有举手外,其他的全都举手了。苏格拉底走到了这名学生面前问:"难道你真的什么气味也没有闻到吗?"那个学生肯定地说:"我真的什么也没有闻到!"这时,苏格拉底向学生宣布:"他是对的,因为这是一只假苹果。"这个学生就是柏拉图。

在今天,我们已经处在"信息时代",处在"知识爆炸"时代,客观上对每个人的思考能力提出了挑战。凡是具有独立思考能力的人,才能够在这个日益突显其复杂性的世界上获得更多真理性的认识,这体现了他们终身学习的能力,而这种能力,会帮助他们与时俱进,迈向成功。

有一次,美国电视台的著名主持人比尔问一个七八岁的女孩:"你长大以后想做什么?"女孩很自信地答道:"总统。"全场观众哗然。比尔做了一个滑稽的吃惊状,然后问:"那你说说看,为什么美国至今没有女总统?"女孩想都不用想就回答:"因为男人不投她的票。"全场一片笑声。比尔:"你肯定是因为男人不投她的票吗?"女孩不屑地说:"当然肯定。"比尔意味深长地笑笑,对全场观众说:"请投她票的男人举手。"伴随着笑声,有不少男人举手。

比尔得意地说："你看，有不少男人投你的票呀。"女孩不为所动，淡淡地说："还不到三分之一。"比尔做出不相信的样子，对观众说道："请在场的所有男人把手举起来。"言下之意，不举手的就不是男人，哪个男人"敢"不举手。在哄堂大笑中，男人们的手一片林立。女孩露出了一丝轻蔑的笑意："他们不诚实，他们心里并不愿投我的票。"许多人目瞪口呆。然后是一片掌声，一片惊叹……

人们为什么会对此惊叹？如果你是这个小女孩，在这样的场合下还会坚持自己的立场吗？

这是一个典型独立思考的事例，女孩在没有任何人提示或帮助的情况下，凭借自己的判断和思考，对主持人的提问做出从容的回答。这种独立思考的能力正是我们许多人所欠缺的。也许我们唯一可以完全控制的就是我们的思想，可是很多人却轻易将这一点拱手让人，如果失去了独立思考的能力，人云亦云，那我们就很难真正地去发现问题，更不要说去解决问题了，那么很多问题就变成了我们人生中的难题，成为不可逾越的沟壑。因此我们要学会独立地思考，保证我们走的每一步都出自我们真正的思考，让思考支撑起我们灿烂的人生。

要有空杯心态

古时候一个佛学造诣很深的人，去拜访一位德高望重的老禅师。老禅师的徒弟接待他时，他态度很傲慢。后来老禅师恭敬地接待了他，并为他沏茶。可在倒水时，明明杯子已经满了，老禅师还不停地倒。他不解地问："大师，为什么杯子已经满了，还要往里倒？"大师说："是啊，既然已满了，干吗还倒呢？"访客恍然大悟。这就是"空杯心态"的起源，它首先告诉我们如果想要获取更多的知识、技能，获得更大的成就，必须定期给自己的内心清零。

这是一个年轻人生命中非常重要的转折点。当了十几年的记者，他终于有机会站在灯光下，成为节目主持人。在节目录制开始前，他做了充足的准备：精心挑选了西装、衬衫，并站在化妆间里把衣服弄得整整齐齐。现场录制马上开始了，他深吸了一口气，精神抖擞地走向演播大厅。音乐响起，灯光追着他出场，观众开始欢呼，年轻人充满朝气地跟他们一一握手说："你好，你好，欢迎你！"年轻人的脑海里，早就背熟了一套开场白和台词，他有十足的信心可以应对一切场面。他甚至这样想，一上场先念四句诗，再来一个对联，再弄几个排比句，最后是四个歇后语。就在一切都按想象顺利进行时，突然，他听见从身后的观众席中传来一句话："这家伙是在干什么呢？"声音很细微，在嘈杂的现场难以分辨。但在这个年轻人听来，却如霹雳一般。刹那间，他的脑子里一片空白，什么也想不出来了。但节目还得录制下去，年轻人只得硬着头皮，磕磕巴巴地录完了节目。节目录完后，他自己都不知道说了些什么。第一次主持节目的尴尬经历，给他留下了终身难忘的记忆。但他并没有气馁，十几年做记者的经历，使他深知越是尴尬时刻，越需要用归零思维来对待。他坚信，只要自己努力，这个演播大厅里，就一定有他展示才华的机会。于是，他放下了以往主持人的形式和风格，像个记者一样去采访别人，不同的是，他会加倍认真倾听采访对象的心声。慢慢地，很多人开始喜欢他，甚至称他为"平民主持人"。这位年轻人就是崔永元。

在我们的世界里，我们会发现许多在生活中工作中取得成就的人，他们大都经历过这样类似的心理磨难，但是是什么帮助他们走出困境，实现超越的呢？正是这种归零的思维。世界纷繁复杂，生活多姿多彩，历史浩如烟海，未来无限可能，当我们开始睁开双眼去看这个世界的时候，信息就无处不在了。每一个人要想应对时代和环境的变化，都要随需应变，更要以变制变，这就要求我们具有空杯心态。这种心态帮助我们随时对自己拥有的知识和能力进行清理，清空过时的垃圾，为新知识、新能力留出空间，与时俱进，永不自满，始终保持身心的活力。

哲理链接

　　唯物辩证法认为矛盾是普遍存在的，事事有矛盾，时时有矛盾，这就要求我们能够用一分为二的观点去全面地看问题。辩证唯物主义的否定观是指事物自己否定自己，自己发展自己，它是发展的环节也是联系的环节，辩证的否定观的实质是"扬弃"，这一观点要求我们要有创新意识。唯物辩证法的实质就是革命的批判的创新的，这就要求我们要敢于打破旧的思想观念的束缚，去面对新情况，解决新问题。

第五编

DI WU BIAN

思维双子星

发散思维——撑开思维之伞

是什么禁锢了你的思维

当你只有一个主意时，这个主意就太危险了。

——法国哲学家查提尔

曾有人做过实验，将一条最凶猛的鲨鱼和一群美丽的热带鱼放在同一个池子，然后用强化玻璃隔开。每天，实验人员都放足够的鲫鱼在鲨鱼的池子里，所以鲨鱼并不缺少猎物。但是，鲨鱼似乎对美丽的热带鱼更感兴趣，于是它每天不断冲撞那块看不到的玻璃，奈何这只是徒劳，它始终不能游到对面去。美丽的滋味吸引着鲨鱼，它并不泄气，每天仍是不断地冲撞那块玻璃，它试了每个角落，每次都是用尽全力，但每次总是被撞得伤痕累累，有好几次都浑身破裂出血。而每当玻璃一出现裂痕，实验人员马上加上一块更厚的玻璃。持续了好一些日子，终于，鲨鱼不再冲撞那块玻璃了，对那些斑斓的热带鱼也不再在意，好像它们只是墙上会动的壁画；

它开始等着每天固定会出现的鲫鱼，然后用它敏捷的本能进行狩猎，好像恢复了海中不可一世的凶狠霸气，但这一切只不过是假象罢了。实验到了最后的阶段，实验人员将玻璃取走，但鲨鱼却没有反应，每天仍是在固定的区域游曳，它不但对那些热带鱼视若无睹，甚至于当那些鲫鱼越过界线逃到对面时，它就立刻放弃追逐，说什么也不愿再过去。

黑猩猩被公认为是最聪明、智商最接近人类的动物。科学家做过一次试验：教黑猩猩用水灭火。经过多次训练，黑猩猩学会了从水龙头上接水灭火。科学家又到河对岸试验。当科学家点燃一堆篝火，只见黑猩猩飞快地提起水桶，涉水过河，到对面的水龙头上接满一桶水，再涉水过河来灭火。

这两个实验虽然是在不同动物身上做的，但是同样都向我们揭示了思维定式的后果，那么作为思维水平更高级一些的人类会不会有所不同呢？

心理学家曾做过这样的试验：在黑板上画一个圆圈，问在座学生这是什么？其中大学生回答很一致："这是一个圆。"而幼儿园的小朋友则给出了各种各样的答案："太阳"、"皮球"、"镜子"……可谓五花八门。或许大学生的答案更加符合所画的图形，但是比起幼儿园孩子来说，他们的答案是不是显得有些单调呆板呢？大家是不是更愿意为这些小宝宝的多彩答案喝彩呢？

这似乎是一个与我们所想的不大一样的答案，按说我们随着年纪的增长，接触的事物更加多起来，那我们思维的方向和角度是不是也更多了呢？事实却不尽然。其实，从心理学的角度看，这其实是一种很正常的现象，这是我们心理反应的一种常态。当我们在做某件事情或者表达某个观点时，我们会认为我们所掌握的知识和经验都是已经被证明是正确的、完整的，至少是可供借鉴的，所以，当我们习惯性地依照自己以往的知识和经验去考虑问题的时候，会有一种安全感。另外，思维上也会有一种顺畅、方便和快捷的感觉。

可是有一个有趣的小故事却告诉我们当我们按照思维的定式可以更快更有效率地思考和解决问题的时候，也可能导致我们的思维被束缚。有一天，著名心算家阿尔伯特·卡米洛正在表演心算，忽然有人给他出了一道题："一辆载着283名旅客的火车驶进车站，有87人下车，65人上车；下一站又下去49人，上来112人；再下一站又下去37人，上来96人；再再下一站又下去74人，上来69人，再再再下一站又下去17人，上来23人"那人刚说完，心算大师便不屑地回答道："很简单！告诉你，车上一共还有……""不"那人突然打断他说："我是请您算出火车一共停了多少站。"以心算闻名于世的阿尔伯特·卡米洛顿时呆住了，面色难堪，他没有想到这人会问这么简单的加减法。

而更加令人担心的是，现在我们学习中还有很多人为增加的思维定式：有这样一个案例，有一个读一年级的孩子，在一次数学试卷中，有道分类题，画了很多日常生活中孩子们常见的物品，然后给它们分类，判断它们是学习用品还是生活用品。孩子将"小刀"这个物品，归入了生活用品。可老师却说，小刀是学习用品，划入生活用品算错。回家后妈妈问孩子，为什么把小刀划到生活用品。孩子说，"小刀可以割绳子，所以是生活用品。"这个孩子说得有错吗？那我们在学习中是不是也常会遇见"标准答案"呢？

怎么打开思维之伞

"一切皆有可能"

这是奇妙公司创业之初发生的一个故事。为了选拔真正有ABC效能的人才，公司要求每位应聘者必须经过一道测试：以比赛的方式推销100把奇妙聪明梳，并且把它们卖给一个特别指定的人群：和尚。这道立意奇特的难题、怪题，可谓别具一格，用心良苦。几乎所有的人都表示怀疑：把梳子卖给和尚？这怎么可能呢？搞错没有？许多人都打了退堂鼓，但还是有甲、乙、丙三个人勇敢地接受了挑战……一个星期的期限到了，三人回公司汇报各自销售实践成果，甲先生仅仅只卖出一把，乙先生卖出10把，丙先生居然卖出了1 000把。同样的条件，为什么结果会有这么大的差异呢？公司请他们谈谈各自的销售经过。

甲先生说，他跑了三座寺院，受到了无数次和尚的臭骂和追打，但仍然不屈不挠，终于感动了一个小和尚，买了一把梳子。

乙先生去了一座名山古寺，由于山高风大，把前来进香的善男信女的头发都吹乱了。乙先生找到住持，说："蓬头垢面对佛是不敬的，应在每座香案前放把木梳，供善男信女梳头。"住持认为有理。那庙共有10座香案，于是买下10把梳子。

丙先生来到一座颇负盛名、香火极旺的深山宝刹，对方丈说："凡来进香者，多有一颗虔诚之心，宝刹应有回赠，保佑平安吉祥，鼓励多行善事。我有一批梳子，您的书法超群，可刻上'积善梳'三字，然后作为赠品。"方丈听罢大喜，立刻买下1 000把梳子。

更令人振奋的是，丙先生的"积善梳"一出，一传十，十传百，朝拜者更多，香火更旺。于是，方丈再次向丙先生订货。这样，丙先生不但一次卖出1 000把梳子，而且获得长期订货的优异成果，实现了营销工作的最优化和最大化。而对于公司而言，最大的收获还不是订货单，而是丙先生这位创建非常之功的非常人才。

那我们不禁要问，丙先生把不可能变可能的诀窍是什么？关键在于他没有囿于梳子梳头发这个功能，否则无论如何和尚也是不需要的，那要让和尚需要他的梳子，就要多角度、多方向去考虑，从梳子卖给和尚这一个点发散开去，他最终完成了这个不可能的任务。

条条大路通罗马

条条大路通罗马是著名的谚语，出自罗马典故。古罗马原是意大利的一个小城邦。公元前3世纪罗马统一了整个亚平宁半岛。公元前1世纪，罗马城成为地跨欧亚非三洲的罗马帝国的政治、经济和文化中心。罗马帝国为了加强其统治，修建了以罗马为中心，通向四面八方的大道。据史料记载，罗马人共筑硬面公路8万千米。这些大道促进了帝国内部和对外的贸易和文化交流。公元8世纪起，罗马成为西欧天主教的中心，各地教徒前往朝圣者络绎不绝。据说，当时从意大利半岛乃至欧洲的任何一条大道开始旅行，只要不停地走，最终都能抵达罗马。

但是看完这个来历，我们肯定会想到，要想条条大路都能抵达罗马，首先要从罗马开始修筑到达各处的大路，这就像我们面对问题时的处境相同，要想解决问题我们就要从这个问题点开始，以不同的角度，全方位地去考虑所有的可能性。从另外一方面看，我们应该相信总有一个解决问题的办法，而且可能还不只一个，所谓办法总比问题多，这一点可能更接近这句谚语的本义。

我们来看看伴着这种信念，几个被困在海中的人是如何逃生的吧。有一个人和他的两个同伴被困在一个已经失去动力的小渔船上，他们身边只有钓鱼线和一个小小的圆形化妆镜。现在，他们如何利用手中的工具逃出这片汪洋大海？或许钓鱼线还可以帮助小船上的人们钓住一条海鱼，维持他们对食物的需要，但是镜子的作用没有人能够明白。这时镜子在太阳底下发出了闪光，反光之后呢？思维发散开去，利用光的反射可以将镜子反射的光照到大海上其他靠近他们的船只上，这样相当于是求救信号，情况一下有了转机。我们一开始是不是也和大海里的被困者一样，被困在那个镜子是用来照的这个思维定式上面呢？这时候我们需要的是发散性思维。

观察生活——要有好奇心与求知欲

有这样一个小故事：

老师问同学："树上有10只鸟，开枪打死1只，还剩几只？"

这是一个传统的脑筋急转弯题目，不够聪明的人会老老实实地回答"还剩9只"，聪明的人会回答"1只不剩"，但是有个孩子却是这样反应的。

他反问："是无声手枪吗？"

"不是。"

"枪声有多大？"

"80分贝至100分贝。"

"那就是会震得耳朵疼？"

"是。"

"在这个城市里打鸟犯不犯法？"

"不犯。"

"您确定那只鸟真的被打死啦？"

"确定。"老师已经不耐烦了，"你告诉我还剩几只就行了，OK？"

"OK，树上的鸟里有没有聋子？"

"没有。"

"有没有关在笼子里的？"

"没有。"

"边上还有没有其他的树，树上还有没有其他的鸟？"

"没有。"

"有没有残疾的鸟或饿得飞不动的鸟？"

"没有。"

"算不算怀孕肚子里的小鸟？"

"不算。"

"打鸟的人眼睛有没有花？保证是10只？"

"没有花，就10只。"

老师已经满头大汗，但那个孩子还在继续问："有没有傻得不怕死的？"

"都怕死。"

"会不会一枪打死两只？"

"不会。"

"所有的鸟都可以自由活动吗？有没有鸟巢？里边有没有不会飞的小鸟？"

"没有鸟巢。所有的鸟都可以自由活动。"

"如果您的回答没有骗人，"学生满怀信心地说。"打死的鸟要是挂在树上没掉下来，那么就剩1只，如果掉下来，就1只不剩。"

这位学生的话还没说完，习惯于标准答案的老师已经晕倒了！我们看到这里可能也会会心一笑，替这个老师头疼，但是在这孩子看似烦琐的问题中，我们发现了发散思维的脉络和要求，我们的思维能够从一个点向多个方向去发散，那就要求我们要善于观察生活，对这世界永远保持着孩子般的好奇心与求知欲，并且一定要去思考，许多事情看似没有关系，但都是息息相关的，它们之间存在着一些共通的道理。我们在遇到问题的时候苦苦思索，寻找解决问题的方案，在大脑里会形成一定的优势区域。这种优势区域一旦接收到外界信息，就会被激发，形成问题的解决方案，这是我们解决难题或者进行创新的基本思维方式。

法国的白兰地酒驰名世界，当初为了打开白兰地在美国的市场，法国企业也费尽了心思，还专门耗巨资调查美国人的饮酒习惯，制定出了各种营销策略，但是收效甚微。一位推销专家向白兰地公司的总经理提供了一个高妙的营销方法：在美国总统艾森豪威尔67岁生日之际，向总统赠送白兰地酒，从而借机扩大白兰地酒在美国的影响，进而打开美国市场。这个建议取得了空前的成功。赠酒的新闻持续播出了两天，各大报纸也连续登载。白兰地公司向美国总统赠酒成为了街头巷尾热议的话题。从此以后，美国各地都掀起了抢购白兰地的热潮。

这位推销专家把白兰地酒和美国总统这种看似不相关的事物联系起来，借助美国总统的影响力成功帮助白兰地扩大影响，打开美国市场。

收敛思维——正本清源　回到根本

收敛不等于保守

　　如果说发散思维是开放性的、扩张性的，那很多人可能认为收敛思维必然是保守的、收缩的，其实不然，相比较发散思维的从一到多的过程式，收敛思维可称之为从多到一的思维过程。它遵循传统的逻辑规则，沿着归一的或单一的方向去寻找一种满意的答案或我们接受的最好的结果。思维发散过程需要张扬知识和想象力，而收敛性思维则是选择性的，在收敛时需要运用知识和逻辑，它侧重于把众多的信息逐步引导到条理化的逻辑程序中去，以便最终得到一个合乎逻辑规范的结论。但是这两种思维方式具有互补的性质，美国创造学学者M.J.科顿，形象地阐述了发散性思维与收敛性思维必须在时间上分开，即分阶段的道理，也就是说如果它们混在一起，将会大大降低思维的效率。发散性思维向四面八方发散，收敛性思维向一个方向聚集，在解决问题的早期，发散性思维起到更主要的作用；在解决问题后期，收敛性思维则扮演着越来越重要的角色。总之它们相辅相成，是名副其实的思维双子星。由此我们也发现收敛思维虽然更强调逻辑推理，但是也必须以充足的材料作为前提。

以解决问题发现真理为目的

买香草冰淇淋汽车就会秀逗？你相信吗？有一天美国通用汽车公司的庞帝雅克（Pontiac）部门收到一封客户抱怨信，上面是这样写的：这是我为了同一件事第二次写信给你，我不会怪你们为什么没有回信给我，因为我也觉得这样别人会认为我疯了，但这的确是一个事实。我们家有一个传统的习惯，就是我们每天在吃完晚餐后，都会以冰淇淋来当我们的饭后甜点。由于冰淇淋的口味很多，所以我们家每天在饭后才投票决定要吃哪一种口味，等大家决定后我就会开车去买。但自从最近我买了一部新的庞帝雅克后，在我去买冰淇淋的这段路程问题就发生了。你知道吗？每当我买的冰淇淋是香草口味时，我从店里出来车子就发不动。但如果我买的是其他的口味，车子发动就顺得很。我要让你知道，我对这件事情是非常认真的，尽管这个问题听起来很猪头。为什么这部庞帝雅克当我买了香草冰淇淋它就秀逗，而我不管什么时候买其他口味的冰淇淋，它就一尾活龙？为什么？为什么？

事实上庞帝雅克的总经理对这封信还真的心存怀疑，但他还是派了一位成功、乐观且受了高等教育的工程师去处理此事。工程师安排与这位仁兄的见面时间刚好是在用完晚餐的时间，两人于是一个箭步跃上车，往冰淇淋店开去。当买好香草冰淇淋回到车上后，车子又秀逗了。这位工程师之后又依约来了三个晚上。第一晚，巧克力冰淇淋，车子没事。第二晚，草莓冰淇淋，车子也没事。第三晚，香草冰淇淋，车子"秀逗"。

这位思考有逻辑的工程师，到目前还是死不相信这位仁兄的车子对香草过敏。因此，他仍然不放弃，继续安排相同的行程，希望能够将这个问题解决。工程师开始记下从开始到现在所发生的种种详细资料，如时间、车子使用油的种类、车子开出及开回的时间……根据资料显示他有了一个结论，这位仁兄买香草冰淇淋所花的时间比其他口味的要少。为什么呢？原因是出在这家冰淇淋店的内部设置的问题。因为，香草冰淇淋是所有冰淇淋口味中最畅销的口味，店家为了让顾客每次都能很快地取拿，将香草口味特别分开陈列在单独的冰柜，并将冰柜放置在店的前端；至于其他口味则放置在距离收银台较远的后端。现在，工程师想要知道的是，为什么这部车会因为从熄火到重新激活的时间较短而秀逗呢？原因很清楚，绝对不是因为香草冰淇淋的关系，工程师很快地想到，答案应该是"蒸气锁"。因为当这位仁兄买其他口味时，由于时间较久，引擎有足够的时间散热，重新发动时就没有太大的问题。但是买香草口味时，由于花的时间较短，引擎太热以至于还无法让"蒸气锁"有足够的散热时间。原来这才是买香草冰淇淋汽车会秀逗的原因所在。

在这个案例中我们能清晰地看到工程师解决问题的脉络，关键就在于他的目的就是去找到车子不能发动的原因，他不相信车子会对香草过敏，谁也不相信，所以他的目的很明确，在这个目标的指导下，他从各个方面收集线索，运用已有的经验和知识，将各种信息重新进行组织，从不同的方面和角度，将思维集中指向这个中心点，然后一一加以验证，从而达到解决问题的目的。最终找到了车子为什么会在买香草冰淇淋的时候秀逗的原因。这就好比凸透镜的聚焦作用，它可以使不同方向的光线集中到一点，从而引起燃烧一样。

第一次世界大战期间，法国和德国交战时，法军的一个旅司令部在前线构筑了一座极其隐蔽的地下指挥部。指挥部的人员深居简出，十分诡秘。不幸的是，他们只注意了人员的隐蔽，而忽略了长官养的一只小猫。德军的侦察人员在观察战场时发现：每天早上八九点钟左右，都有一只小猫在法军阵地后方的一座土包上晒太阳。德军依此判断：A. 这只猫不是野猫，野猫白天不出来，更不会在炮火隆隆的阵地上出没；B. 猫的栖身处就在土包附近，很可能是一个地下指挥部，因为周围没有人家；C. 根据仔细观察，这只猫是相当名贵的波斯品种，在打仗时还有兴趣玩这种猫的决不会是普通的下级军官。据此，他们判定那个隐蔽部一定是法军的高级指挥所。随后，德军集中六个炮兵营的火力，对那里实施猛烈袭击。事后查明，他们的判断完全正确，这个法军地下指挥所的人员全部阵亡。德军以找到法军指挥部为目的搜集线索，最终做出了正确的判断。

找出最好的答案

去粗取精

我国明朝时候，江苏北部曾经出现了可怕的蝗虫，飞蝗一到，整片整片的庄稼被吃掉，人们颗粒无收……徐光启看到人民的疾苦，想到国家的危亡，毅然决定去研究治蝗之策。他搜集了自战国以来二千多年有关蝗灾情况的资料。在这浩如烟海的材料中，他注意到蝗灾发生的时间，151次蝗灾中，发生在农历四月的19次，发生在五月的12次，六月的31次；七月的20次，八月的12次，其他月份总共只有9次。从而他确定了蝗灾发生的时间，大多在夏季炎热时期，以六月最多。另外他从史料中发现，蝗灾大多发生在河北南部，山东西部，河南东部，安徽、江苏两省北部。为什么多集中于这些地区呢？经过研究，他发现蝗灾与这些地区湖沼分布较多有关。他把自己的研究成果向百姓宣传，并且向皇帝呈递了《除蝗疏》。

徐光启在写《除蝗疏》的整个思维过程中，就是对大量的史料进行去粗取精的过程，他通过对史料的分析与综合，最终找到了蝗灾发生的规律，进而为防治和消灭蝗灾的方法找到了依据。

去伪存真

1960年英国某农场主为节约开支，购进一批发霉花生喂养农场的十万只火鸡和小鸭，结果这批火鸡和小鸭大都得癌症死了。不久，在我国某研究单位和一些农民用发霉花生长期喂养鸡和猪等家畜，也产生了上述结果。1963年澳大利亚又有人用霉花生喂养大白鼠、鱼、雪貂等动物，结果被喂养的动物也大都患癌症死了。研究人员从收集到的这些资料中得出一个结论：在不同地区，对不同种类的动物喂养霉花生都患了癌症，因此霉花生是致癌物。后来又经过化验研究发现：霉花生内含有黄曲霉素，而黄曲霉素正是致癌物质，这就是收敛思维法的运用。

在这一思维过程中，归纳法发挥了重要作用：

英国人用霉花生喂小动物，小动物大都得癌症死了；

中国人用霉花生喂小动物，小动物大都得癌症死了；

澳大利亚人霉花生喂小动物，小动物大都得癌症死了；

……

霉花生是致癌物。

在大量的现象和数据当中，如何才能发现真理，这就需要我们能够集中思维，发现隐藏在现象背后的本质，在喂养小动物时，我们肯定不会只喂一种饲料，那么到底是什么原因导致它们死亡，在众多的喂养案例中我们通过归纳终于找到答案，但是归纳出的结论还需进一步的科学验证。当霉花生中含有黄曲霉素，而黄曲霉素是致癌物得到验证，那我们还可以通过演绎推理进一步去发现除霉花生外还有哪些食物含有黄曲霉素，进而采取相应的应对措施。

其实这样的方法在侦探破案的过程中也是经常能体现出来的。三国时期，句章县县令张举接受过一桩"谋杀亲夫"案件，被告是一位三十多岁的女人，很有几分姿色，原告是死者的亲哥哥。原告指着号啕大哭的女人向张县令申诉道："昨晚她回了娘家，半夜，我弟弟家起火，待我们赶到去救火时，房屋已经烧塌，弟弟也被烧死在床下。我弟弟为人懦弱，这个女人平日就行为不轨，定是她与奸夫合谋害了我弟弟，请大人明察。"被告连呼："冤枉！冤枉！我昨夜住在娘家，哪知家中遭如此天大不幸，如今，我也不想活了！"说着，一头向附近的厅柱上撞去，幸被差役们拉住，才免于头破血流。

张县令吩咐打轿到现场去查看，命仵作检验了死者尸体，没有发现任何可疑之处，又亲自掰开死者的嘴看了看，面对灰烬飞旋、余烟缕缕的残屋，心中忽有所悟。张县令发签下令："捉两头猪来!"不一会儿，两头活猪被捆绑着送到张县令面前。张县令命令点起两大堆火，将一头猪杀死，扔在火上烧烤，将另一头猪活活在火上烧烤而死。好一番功夫后，火熄猪死。张县令命令："掰开猪嘴，看嘴内可有什么？"差役们照办后回报："杀死后放在火上烧烤之猪，嘴内清清白白，活活烧死之猪，嘴内尽是灰烬！"张县令转头对被告说："你丈夫的嘴内也是清清白白，一点灰烬没有，这是什么缘故？"那妇人顿时如同一滩烂泥瘫在地上，一五一十地招认了与奸夫合谋，害死亲夫，然后纵火烧屋的经过。

我们在学习的过程中经常会去整理类型题，然后通过归纳从中发现这些题目的共性，再用这些整合出来的共性特征去对应发现更多同类型的题目，这个整合的过程其实就是收敛思维在起作用。

由此及彼

1945年2月19日晨，在九百余艘战舰、两千余架飞机的支援下，美军出动22万人的兵力，对只有两万名日军守卫的20平方千米的硫磺岛发起了进攻。战斗进行得十分艰苦。美军付出了伤亡260 002人的代价，持续苦战了36天，却难以彻底扫清日军的堡垒。硫磺岛是一个火山岛，岛上到处都是火山喷发时火山熔岩形成的天然溶洞，而且火山熔岩极为坚硬。岛上的日军便以此为掩体，构筑了永久发射点和坚固支撑点。日军的防御工事以地下坑道阵地为主，混凝土工事与天然岩洞有机结合，并有交通壕相互连接。炮兵阵地大都建成半地下式。所有武器的配置与射击目标都进行过精确计算，既能隐蔽自己，又能最大限度杀伤美军。仅仅在一个早上，美军就伤亡了两千多人。此后，美军开始了"地狱里的噩梦"般的生活，每天都有大量的人员死于射自火山溶洞的子弹。

硫磺岛战役的报道传回国内。就在各级指挥官无计可施时，一位建筑工程技术人员却提出了一个看似有点滑稽的建议：用水泥攻克这些地堡。他认为，日军的连环地堡虽然坚固，但却存在着一个致命的弱点，那就是它的出入口非常狭小，如果把坦克改装成推土机，推着混凝土，对地堡出入口实施封闭，就可以避免敌人重复使用，而且可以逐一封堵，将敌人闷死在洞里。第二天，硫磺岛战场上出现了与前几天截然相反的另类场面：成吨成吨的水泥被运送上岸，搅拌机也随之高速运转起来。许多坦克被改装成推土机，将大堆大堆的混凝土送到一个个被构筑成地堡的火山岩洞口。整个硫磺岛俨然成了一个大型的工地施工现场。海军陆战队员们此时完全是建筑工人的形象。只有在封堵洞口时，他们偶尔与出来交战的日军交火，才使人们记起这里仍然是血与火的战场。就这样，美军轻而易举地将180个地堡变成了日军的坟墓。美军的战场伤亡率迅速下降，并很快将岛上的日军清剿完毕，取得了硫磺岛战役的最终胜利。

这位工程师把他所学知识移植到战事上，却发挥了奇效，在面对敌人的有利地势和我方的人员伤亡这样的情况，美军方面想尽了一切办法，可以说把思维发散到了极致，但是工程师先生却是把解决问题的焦点集中在了硫磺岛上日军的地堡建筑特点上，进而想到了这样一个由此及彼的好办法。

由表及里

1940年11月16日，纽约爱迪生公司大楼一个窗沿上发现一个土炸弹，并附有署名F.P的纸条，上面写着：爱迪生公司的骗子们，这是给你们的炸弹！这种威胁活动越来越频繁，越来越猖狂。1955年竟然放上了52颗炸弹，并炸响了32颗。对此报界连篇报道，并惊呼此行动的恶劣，要求警方给予侦破。纽约市警方在16年中煞费苦心，但所获甚微。所幸还保留几张字迹清秀的威胁信，字母都是大写。其中，F.P写到：我正为自己的病怨恨爱迪生公司，要使它后悔自己的卑鄙罪行。为此，不惜将炸弹放进剧院和公司的大楼，等等。警方请来了犯罪心理学家布鲁塞尔博士。博士依据心理学常识，应用层层剥笋的思维技巧，在警方掌握材料的基础上做了如下的分析推理：

（1）制造和放置炸弹的大都是男人。

（2）他怀疑爱迪生公司害他生病，属于偏执狂病人。这种病人一过35岁后病情就加速加重。所以1940年是他刚过35岁，现在1956年他应是50岁出头。

（3）偏执狂总是归罪他人。因此，爱迪生公司可能曾对他处理不当，使他难以接受。

（4）字迹清秀表明他受过中等教育。

（5）约85％的偏执狂有运动员体型，所以F.P可能胖瘦适度，体格匀称。

（6）字迹清秀、纸条干净表明他工作认真，是一个兢兢业业的模范职工。

（7）他用卑鄙罪行一词过于认真，爱迪生也用全称，不像美国人所为。故他可能在外国人居住区。

（8）他在爱迪生公司之外也乱放炸弹，显然有F.P自己也不知道的理由存在，这表明他有心理创伤，形成了反权威情绪，乱放炸弹就是在反抗社会权威。

（9）他常年持续不断乱放炸弹，证明他一直独身，没有人用友谊或爱情来愈合其心理创伤。

（10）他虽无友谊，却重体面，一定是一个衣冠楚楚的人。

（11）为了制造炸弹，他宁愿独居而不住公寓，以便隐藏和不妨碍邻居。

（12）地中海各国用绳索勒杀别人，北欧诸国爱用匕首，斯拉夫国家恐怖分子爱用炸弹。所以，他可能是斯拉夫后裔。

（13）斯拉夫人多信天主教，他必然定时上教堂。

（14）他的恐吓信多发自纽约和韦斯特切斯特。在这两个地区中，斯拉夫人最集中的居住区是布里奇波特，他很可能住那里。

（15）持续多年强调自己有病，必是慢性病。但癌症不能活16年，恐怕是肺病或心脏病，肺病现代容易治愈，所以他是心脏病患者。

根据这种层层剥笋的方式，博士最后得出结论：警方抓他时，他一定会穿着当时正流行的双排扣上衣，并将纽扣扣得整整齐齐。而且，建议警方将上述15个可能性公诸报端。F.P重视读报，又不肯承认自己的弱点。他一定会作出反应以表现他的高明，从而自己提供线索。果不其然，1956年圣诞节前夕，各报刊载这15个可能性后，F.P从韦斯特切斯特又寄信给警方："报纸拜读，我非笨蛋，决不会上当自首，你们不如将爱迪生公司送上法庭为好。"依循有关线索，警方立即查询了爱迪生公司人事档案，发现在30年代的档案中，有一个电机保养工乔治梅特斯基因公烧伤，曾上书公司诉说染上肺结核，要求领取终身残废津贴，但被公司拒绝。数月后离职。

此人为波兰裔，当时（1956年）为56岁，家住布里奇波特，父母早亡，与其姐同住一个独院。他身高1.75米，体重74千克。平时对人彬彬有礼。1957年1月22日，警方去他家调查，发现了制造炸弹的工作间，于是逮捕了他。当时他果然身着双排扣西服，而且整整齐齐地扣着扣子。

我们在思考问题时，一开始注意到的可能只是问题的表面，是一些看似很肤浅的东西，而真正问题的实质被掩盖在这层层表面之下，要想获得真正的答案就需要我们在充分掌握各种信息条件之后，通过分析，一层层剥落这些问题的表面现象，向问题的核心一步一步地逼近，最后抛弃那些非本质的、繁杂的特征，找出隐蔽在事物表面现象内的深层本质。这种方法在我们所看到很多侦探推理的小说中并不鲜见，但是可能我们却很少会在平常的学习生活中有意识地使用它，但是我们其实经常无意识地运用这种方法。比如如何发现一篇文章的要义，怎么搞定一个条件复杂的数学题目等等，同时我们还会不自觉地运用这种方法去处理人际关系，比如有一个要好的同学突然不理我了，是什么原因呢？我们开始剥丝抽茧想要搞清状况。

哲理链接

　　唯物辩证法告诉我们事物是普遍联系的，整个世界是一个普遍联系的有机整体，孤立的事物是不存在的，这就要求我们要用联系的观点看问题。联系是客观的，是事物本身所固有的，不以人的意志为转移，因此我们要从固有的联系中去把握事物，切忌主观随意性，但并不意味着人对事物的联系无能为力，人们可以根据事物固有的联系，改变事物的状态，调整原有的联系，建立新的联系。任何事物都有自己的本质与现象，本质与现象密不可分，现象是本质的表现，本质总要表现为现象，这就要求我们要透过现象认识事物的本质。

第六编

DI LIU BIAN

合作思维——人类的生存之道

这是一个合作的时代，合作已成为人类生存的手段，随着科学知识以及社会分工的发展，我们身边已再难看到有百科全书似的人物了，人们越来越多地借助他人的智慧来实现自身的超越，也越发地感觉到合作所带来的快乐与成就。那么，你会合作吗？你有合作思维吗？

借力借势　顺势而为

俗话说："众人拾柴火焰高"、"好花须有绿叶扶"、"好汉须有朋友帮"，能够成大事者最大的智慧莫过于博采众人的智慧，最高的才能莫过于运用众人的才能。三国的刘备与孙权和曹操相比在才能上也许不是最出色的，但是他能借助兄弟的才能成就大业。孔明借东风，何尝不是借东吴的势力与曹军一争高下，其实这些都是运用合作思维的表现。

有一位博士要乘船过河，在船上与船夫闲谈。"你会文学吗？"博士问船夫。"不会。"船夫回答。"历史呢？""也不会。""地理、生物、数学呢？你总会其中的一样吧。""不，我一样也不会。"博士于是感叹起来："一无所知的人生，将是多么可悲啊！"

正说着，忽然一阵大风吹来，河中心波涛滚滚，小船危在旦夕。于是船夫问博士："你会游泳吗？"博士怔住了："我什么都会，就是不会游泳。"话还未说完，一个大浪打来，船翻了，博士和船夫都落入了水里。船夫凭着自己熟练的游泳技术救起了奄奄一息的博士。

俗话说："尺有所短，寸有所长。"即使一个再完美的人，也不可能掌握世界上所有的知识和技能；一个人再无知，也有自己的长处。从前，有一位长者听到五个手指在议论：大拇指说：我最粗，干什么事都离不开我。别的四个手指都没用。食指说：大拇指太粗，中指太长，无名指太细，小拇指太短，他们都不行。中指说：我的个子最高，只要我一个人就能做很多事。无名指说：真讨厌，大家都不给我一个名字，我真不愿意和他们在一起。小拇指说：他们长得那么长、那么粗，有什么用？我是小而灵，我的作用最大。长者听了他们的对话，语重心长地对他们说：你们都说自己最有用，那么我就请你们来比一比，看看到底谁的作用大。于是这位长者拿出两只碗，其中一只里面放了一些小豆子，要求五个手指分别把这些小豆子拿到另一只碗里。结果可想而知，没有一个手指能完成这件事。因此，我们要学会尊重别人，善于学习别人的长处，借别人的智慧为己所用，弥补自己的不足。

合作还是竞争

　　从前有个教士，他想知道天堂和地狱有什么区别，于是就去找上帝询问，上帝听了，并不马上解答，而是先把他带进一个房间里，那房间的中央，摆放着一锅热腾腾的肉汤，一大群人，正围着锅傻坐着，个个愁眉不展，原来，他们每人，尽管手中都有一把汤匙，只因汤匙的柄太长，谁也无法将汤舀到自己嘴里，虽然眼前美食满锅，他们却只能眼睁睁地看着，吃也不得，肚子饿得慌，难怪个个愁眉苦脸。上帝又带教士来到另一个房间，里面的情况相似：同样也有一大锅热腾腾的汤，也是一大群人围着锅席地而坐，他们手中拿着的也是长柄汤匙——可每个人的脸上，却充满幸福的满足感。见此，教士迷惑不解，他问上帝：这两屋子的人，为什么差别如此之大呢？上帝微笑着回答说：难道你没看见，第二个房间里的人都在相互帮助吗？原来，第二个房间的人彼此合作，他们用长柄汤匙舀上汤互相喂对方，于是大家都喝上了汤，这就是天堂与地狱的区别。这也同时体现了合作与竞争的辩证关系。

　　同学们大都玩过跳棋，下跳棋的时候六个人各霸一方，互相是竞争对手。每个人都想先人一步，将自己的玻璃球尽快移到预定地点。如果你一味地为别人搭桥铺路，那别人会先到达目的地，你则会落后于人，最终落得个失败的下场，但如果你只注意竞争，而忽视合作，一心只想拆别人的路，那么同样自己也会受制于此，降低效率，而只有在竞争中合作，才能最高效地完成目标。

日本的北海道出产一种味道奇特的鳗鱼，海边渔村的许多渔民都以捕捞鳗鱼为生。鳗鱼的生命非常脆弱，只要一离开深海区，要不了半天就会全部死亡。奇怪的是有一位老渔民天天出海捕捞鳗鱼，返回岸边后，他的鳗鱼总是活蹦乱跳的。而其他几家捕捞鳗鱼的渔户，无论如何处置捕捞到的鳗鱼，回港后却总是死的。由于鲜活的鳗鱼价格要比死亡的鳗鱼价格几乎贵出一倍以上，所以没几年工夫，老渔民一家便成了远近闻名的富翁。然而周围的渔民做着同样的营生，却一直只能维持简单的温饱。有人问难道是神在帮助老渔民吗？后来，老渔民在去世之时，终于把秘诀传授给了儿子。原来，老渔民使鳗鱼不死的秘诀，就是在整舱的鳗鱼中，放进几条叫狗鱼的杂鱼。鳗鱼与狗鱼非但不是同类，还是出了名的"对头"。几条势单力薄的狗鱼遇到成舱的对手，便惊慌地在鳗鱼堆里四处乱窜，这样一来，反倒把满满一船舱死气沉沉的鳗鱼全给激活了。

我们发现在这个充满活力的时代里，竞争激发了我们无限的斗志，而在这激烈的竞争中，只有具备合作思维的人才能在这快速变化的环境之中，站稳脚跟，发挥所长，成就自己的梦想。可是在班级里面，可能有的同学还不能理清这种关系，有时只把同学看做竞争对手，陷入恶性竞争的漩涡里，有时又只顾哥儿们义气，作出了错误的"合作"意向，使自己处于极不利于交流与学习的境地，所以要改善这种状况，就要有科学的合作思维，正确地处理竞争与合作的关系。

换位思考　知己知彼

合作思维的前提是什么？

孔子说"己所不欲，勿施于人"。《马太福音》里讲"你们愿意别人怎样待你，你们也要怎样待人"，这样的思考方式是人类在漫长求生存的过程中，付出惨重代价后得出来的。

有一个故事让人听后不免唏嘘。儿子打完仗回到国内，从旧金山给父母打了一个电话，"爸爸，妈妈，我要回家了。但我想请你们帮我一个忙，我要带我的一位朋友回来。""当然可以。"父母回答道，"我们见到他会很高兴的。""有些事情必须告诉你们，"儿子继续说，"他在战斗上受了重伤：他踩着了一个地雷，失去了一只胳膊和一条腿。他无处可去，我希望他能来我们家和我们一起生活。""我很遗憾地听到这件事，孩子，也许我们可以帮他另找一个地方住下。""不，我希望他和我们住在一起。"儿子坚持。"孩子，"父亲说，"你不知道你在说些什么，这样一个残疾人将会给我们带来沉重的负担，我们不能让这种事干扰我们的生活。我想你还是快点回家来，把这个人给忘掉，他自己会找到活路的。"就在这个时候，儿子挂上了电话。父母再也没有得到他们儿子的消息。然而过了几天后，接到旧金山警察局打来的一个电话，被告知，他们的儿子从高楼上坠地而死，警察局认为是自杀。悲痛欲绝的父母飞往旧金山。在陈尸间里，他们惊愕地发现，他们的儿子只有一只胳膊和一条腿。

而有一个警察，却让我们看到完全不同的态度，他叫罗伊，在他的日常巡逻中，他总是习惯性地去拜访一位住在一座令人神往的、占地500平方米建筑里的老绅士。从那栋建筑物往外看，就是一座幽静的山谷，老人在那儿度过大半生，他非常喜欢那儿的视野——葱葱郁郁的树林、清澈纯净的河流……每周，罗伊都会拜访老人一两次，当他来访时，老人都会请他喝茶，他们坐着闲聊，或者就在花园里散一会儿步。有一次的会面令人悲伤，老人泪流满面地告诉罗伊，他的健康状况已经很差，他必须卖掉他漂亮的房子，搬到疗养院去。霎时，罗伊忽然产生一个疯狂的念头：用一种创造性方法买下这巨宅！困难太大了，老人想以30万美元的价格将这栋房子卖掉，但罗伊手中只有1 000美元，而且，每月还得付500美元房租，虽说警员待遇还算过得去，但想要找个主意成交，真是太难了，除非，将爱的力量也算进账户里。

这时，罗伊想起一个老师说的话——找出卖方真正想要的东西给他。他寻思许久，终于找到答案：老人最牵挂的事就将是不能再在花园中散步了。罗伊就跟老人商量说："要是你把房子卖给我，我保证会每个月都能接你回到你的花园一两次，就坐在这儿，或者和我一起散步，就像平常一样。"听了这话，老人那张皱纹纵横的老脸，绽开了灿烂的笑容，笑容中，充满爱和惊喜，当即，老人就要罗伊写下他认为公平的合约让他签署——罗伊愿意付出他所有的钱，但他兜里只有3 000块，可房子卖价却是30万，怎么办呢？罗伊想了一下，就这么草拟合约：卖方将29.7万元设定第一顺位抵押权，买方每月付500元利息。老人很开心，他把整个屋子的古董家具都作为礼物全送给了罗伊，而且，还包括一架可供孩子玩的大钢琴。罗伊的成功看似不可思议，其实并不难理解，这就是合作思维的力量，他用换位思考赢得了老人的信任，同时也赢得了一段快乐的关系。这样的换位思考并不难做到，因为它就是我们面对生活的一种态度。

有一个小故事也许能让我们的心情更放松一些，从中我们也能感觉到其实换位思考就在我们的生活中。

妻子正在厨房炒菜。丈夫在她旁边一直唠叨不停："慢些、小心！火太大了。赶快把鱼翻过来、油放太多了！"妻子脱口而出："我懂得怎样炒菜，不用你指手画脚的。"丈夫平静地答道："我只是要让你知道，我在开车时，你在旁边喋喋不休，我的感觉如何……"

有一位盲人大哥夜间出门，他提着一盏明晃晃的红灯笼走在暗路上。来往行人见他在灯笼相伴下摸索前行的模样，个个觉得好笑又奇怪。一位路人忍不住上前问道："大哥您眼睛不好使，还打着这灯笼干啥呢？有用吗您？""有用，有用，怎么会没用。"盲人大哥认真地回答。"有什么用处？说来听听。"这位路人来劲了，也不经意间说出一句很伤人的话："你又看不见。"这时，四周已经聚集了一些好奇的行人，人们都饶有兴趣地想听一番笑话，没想到，这位盲人大哥抛出这么一个回应："对啊，正因为我看不见你们，我才需要这灯笼，好给你们这些明眼人提个醒，怕你们在黑暗中看不见我这个盲人，把我撞倒了。"听者无不面面相觑。

这正是所谓与人方便，与己方便，在我们生活的空间里，不是只有我一个，也不是只有你一个，因此我们要学会与人合作，就要学会换位思考，从另外一方面想，孙子也曾说过"知己知彼，百战不殆"，摸清对手的情况，也是我们取得成功的要素之一。与同学有了小摩擦，与老师产生了点小误会，跟父母闹别扭了等等，在你郁闷的时候不妨想想对方的心情，站在别人的角度上去重新审视一下所出现的问题，那么你也许会有不一样的看法，采取不一样的行动，在收获一段和谐的关系的同时更是赢得了内心的宁静，也是超越自己的表现。

海纳百川　有容乃大

三国时期，曹操率大军想要征服东吴，孙权、刘备联合抗曹。孙权手下有位大将叫周瑜，智勇双全，可是心胸狭窄，很妒忌诸葛亮的才干。因水中交战需要箭，周瑜要诸葛亮在10天内负责赶造10万支箭，哪知诸葛亮只要三天，还愿立下军令状，完不成任务甘受处罚。周瑜想，三天不可能造出10万支箭，正好利用这个机会来除掉诸葛亮。于是他一面叫军匠们不要把造箭的材料准备齐全，另一方面叫大臣鲁肃去探听诸葛亮的虚实。鲁肃见了诸葛亮。诸葛亮说："这件事要请你帮我的忙。希望你能借给我20只船，每只船上30个军士，船要用青布幔子遮起来，还要一千多个草靶子，排在船两边。不过，这事千万不能让周瑜知道。"鲁肃答应了，并按诸葛亮的要求把东西准备齐全。两天过去了，不见一点动静，到第三天四更时候，诸葛亮秘密地请鲁肃一起到船上去，说是一起去取箭。鲁肃很纳闷。诸葛亮吩咐把船用绳索连起来向对岸开去。那天江上大雾迷漫，对面都看不见人。当船靠近曹军水寨时，诸葛亮命船一字儿摆开，叫士兵擂鼓呐喊。曹操以为对方来进攻，又因雾大怕中埋伏，就派 6 000 名弓箭手朝江中放箭，雨点般的箭纷纷射在草靶子上。过了一会，诸葛亮又命船掉过头来，让另一面受箭。太阳出来了，雾要散了，诸葛亮令船赶紧往回开。这时船的两边草靶子上密密麻麻地插满了箭，每只船上至少五六千支，总共超过了 10 万支。

这是三国时著名的草船借箭的故事，这个故事不只向我们展现了诸葛亮的智慧，更是教会我们如何借势，但是我觉得重要的是诸葛亮的心胸，记得这位智者曾有一句名言传世：非淡泊无以明志，非宁静无以致远。其实从这句传世经典当中，我们不难感受到他的志向与胸怀，所谓"海纳百川，有容乃大"。那我们也就不难明白他如何做到在这么复杂的形势下，仍能从容有度，只因他心中有大格局，容得下朋友，也容得下对手。

管仲和鲍叔牙。管仲家贫，自幼刻苦自学，通"诗"、"书"，懂礼仪，知识丰富，武艺高强。他和挚友鲍叔牙分别做公子纠和公子小白的师傅。齐襄公十二年（前686年），齐国动乱，公孙无知杀死齐襄王，自立为君。一年后，公孙无知又被杀，齐国一时无君。逃亡在外的公子纠和小白，都力争尽快赶回国内夺取君位。管仲为使纠当上国君，埋伏中途欲射杀小白，箭射在小白的铜制衣带钩上。小白装死，在鲍叔牙的协助下抢先回国，登上君位。他就是历史上有名的齐桓公。桓公即位，设法杀死了公子纠，也要杀死射了自己一箭的仇敌管仲。鲍叔牙极力劝阻，指出管仲乃天下奇才，要桓公为齐国强盛着想，忘掉旧怨，重用管仲。桓公接受了建议，接管仲回国，不久即拜为相，主持政事。管仲得以施展全部才华。

这个故事不禁让人想到在《邹忌讽齐王纳谏》一文中，齐王通过采用邹忌的建议，广开言路、吸纳忠言最终达到了"燕、赵、韩、魏闻之，皆朝于齐"的盛况。先贤和哲人通过这些掷地有声的言行，不断地告诫我们要学会包容，这是实现我们人生目标、超越梦想向前追的法宝。

哲理链接

　　唯物辩证法告诉我们事物是普遍联系的，孤立的事物是不存在的，这就要求我们要用联系的观点看问题。联系是多样的，世界上的事物千差万别，事物的联系也多种多样，联系的多样性要求我们要注意分析和把握事物存在和发展的各种条件，在认识世界和改造世界的过程中，既要注重客观条件，又要恰当运用自身的主观条件；既要把握事物的内部条件，又要关注事物的外部条件；既要认识事物的有利条件，又要重视事物的不利条件。总之，一切以时间、地点和条件为转移。同时唯物辩证法认为矛盾是事物发展的源泉和动力。矛盾双方既对立又统一，要求我们要全面地看问题。

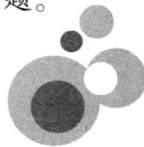

第七编

DI QI BIAN

逆向思维——反其道而思之

幼年司马光和小伙伴们玩耍时，一个小朋友不慎掉入水缸中，面对小伙伴落水、自己和其他小伙伴都够不着水缸，喊大人又来不及的危急情况下，司马光果断地用石头把缸砸破，让水从破缸中流出，救起了小伙伴。面对这种情况，一般做法是"救人离水"，而司马光却在情急之下"让水离人"，打破了常规的思维模式。这也是逆向思维的典例，它的特点就是不按牌理出牌。

一个刚退休的老人回到老家，在小城买了一座房住下来，想在那儿安静地写点回忆录。开始的几个星期，一切都很好。但有一天，三个男孩子放学后开始来这里玩，他们把垃圾桶踢来踢去，玩得很开心。老人受不了这些噪音，于是出去跟年轻人谈判。他说："我很喜欢你们踢桶玩，如果你们每天来玩，我给你们三人每天每人一块钱。"三个小青年很高兴，更起劲表演它们的足下功。过了三天，老人忧愁地说："通货膨胀使我的收入减了一半，明天起，我只给你们5毛钱。"小青年们很不开心，但还是答应。每天放学后，继续去进行表演。一个星期后，老人愁眉苦脸地对他们说："最近没有收到养老金汇款，对不起，每天只能给两毛了。""两毛钱？"一个小青年脸色发青，"我们才不会为了区区两毛钱而浪费宝贵时间为你表演呢，不干了。"从此以后，老人又过上了安静的日子。

这是外国老人的智慧，咱中国的老大爷也不示弱：有一位老大爷去买西红柿，他挑了3个，摊主秤了下说："1斤半，3块7。"大爷说："做汤不用那么多。"去掉了最大的一个。摊主随口说："1斤2两，3块。"正当大家想提醒大爷注意秤子时，只见大爷从容地掏出了七毛钱，拿起刚刚去掉的那个大的西红柿，扭头就走。摊主当场无风凌乱，众人无不拜服。

这两位老人的做法都有着透视人生的智慧，那么在这种智慧里所蕴藏着的思维方式同样也吸引着我们。投资大师罗杰斯在给宝贝女儿的12封信中有一句专门用来提示这种思维方式，被很多投资者奉为圭臬。他说：在别人恐惧时贪婪，在别人贪婪时恐惧。也就是反众道而行，永远用冷静、理性的态度看待真实世界。

化弊为利　转危为机

找准逻辑切入点

有一家人决定搬进城里，于是去找房子。全家三口，夫妻两个和一个5岁的孩子。他们跑了一天，直到傍晚，才好不容易看到一张公寓出租的广告。他们赶紧跑去，房子出乎意料的好。于是，就前去敲门询问。这时，温和的房东出来，对这三位客人从上到下地打量了一番。丈夫鼓起勇气问道："这房屋出租吗？"房东遗憾地说："啊，实在对不起，我们公寓不招有孩子的住户。"丈夫和妻子听了，一时不知如何是好，于是，他们默默地走开了。那5岁的孩子，把事情的经过从头至尾都看在眼里。那可爱的心灵在想：真的就没办法了？他那红叶般的小手，又去敲房东的大门。这时，丈夫和妻子已走出5米来远，都回头望着。门开了，房东又出来了。这孩子精神抖擞地说："老爷爷，这个房子我租了。我没有孩子，我只带来两个大人。"房东听了之后，高声笑了起来，决定把房子租给他们住。

本来小孩子是房东不租房子的理由，没想到被这聪明的孩子一说，反而成了他们能租到房子的原因了。其实逻辑关系远没有我们想的那么复杂，它本是沿着我们的思维规律总结出来了，而这个孩子只不过是按照事情的本来面目去推理罢了，而找准这个点，也就能够使事情有转机了。

不怕麻烦事

日本有家"吃光餐馆"，老板山田六郎在开业不久就遇上了麻烦事，几百名员工举行罢工。媒体对此进行了报道，山田的企业几乎陷于绝境。为了企业的前途，山田给员工加了薪水。为了扭转被动，他突发奇想："我完全可以反过来利用这次罢工来增加企业的知名度和美誉度。"于是，他在餐馆的进门处、餐桌旁、吧台前等显眼的地方贴满了条幅，上写"欢迎罢工"、"我们欢迎攻击"等字样。这种令人啼笑皆非、莫名其妙的举动，不仅调动了顾客的好奇心，改变了大家的看法，而且引得新闻机构竞相予以报道，立即成为大阪市的一个新闻热点，生意由此兴隆起来。山田由此尝到了"做广告"的好处。但他不想花钱。不花钱怎么做广告呢？一天，他租用了十几头牛，给牛穿上写着店名的红红绿绿的衣服，牛背上载满洋葱、青椒、马铃薯、鸡鸭、鱼等各种各样的原料，由其亲自带头，牵着牛，在大阪街头招摇过市。成千上万的市民和行人被这种别开生面的"宣传"所吸引，纷纷驻足观看，而媒体又一次将这一事件炒得沸沸扬扬。这两次为"吃光餐"刊登文章的字数，如果以广告费计算，山田六郎至少要付上1 000万日元。这个数目，是他第一年营业收入的七分之一。由于善于别出心裁达到了1.5亿日元，第三年4亿日元，到第四年时，跃居大阪市第一餐馆的地位，销售额高达18亿日元。

正所谓"物极必反"，世事总是如此，最危险的地方也许正是最安全的地方。但是我们很多人在逆境之中会觉得看不到希望，然后就放弃了努力，当麻烦来的时候，能躲则躲，殊不知会因此错过很多机会，最美的花经常是在荆棘丛中盛开的。当你抱怨上帝不公平的时候，别忘记他关闭一扇门，也会帮你打开另外一扇门，可是你却没有去找那一扇打开的门，犹在这已然关闭的门前痛哭。而这时候积极思考与行动的人也许会说，就算没门，还是有窗户的，怕什么。于是就像这个餐馆的老板一样，巧妙利用这本来的麻烦事，反而省下大笔的广告费，又能达到宣传的目的，然后带来了客户，也就带来了效益，良性循环后转危为机，推开了自己事业的另一扇门。

倒过来想　别有天地

有一道趣味题是这样的：有四个相同的瓶子，怎样摆放才能使其中任意两个瓶口的距离都相等呢？可能我们琢磨了很久还找不到答案。那么，办法是什么呢？原来，把三个瓶子放在正三角形的顶点，将第四个瓶子倒过来放在三角形的中心位置，答案就出来了。把第四个瓶子"倒过来"，多么形象的逆向思维啊！

阿里巴巴的CEO马云就把倒立写进公司文化里。每位员工转正之前要通过一项特殊考核——男性需保持倒立姿势超过30秒，对女性的要求稍低些，10秒即可。马云的理念是："倒立看世界是我们的一种文化，网站每个员工都必须学会倒立。我们从正面一定打不过eBay，倒过来看呢……"通过倒立的策略，马云经营的淘宝网不断向eBay发起挑战。他们凭借着对本土消费者的深刻理解，采取了免费和依靠附加服务盈利的模式，最终战胜eBay成为名副其实的本土老大了。

无独有偶，海尔公司的张瑞敏的做法有异曲同工之妙。海尔的冰箱技术最初是引进德国的，后来经过消化吸收并有创新。为了将海尔的产品推向国际市场，张瑞敏打破常规决定从高端做起，将冰箱投放的国外市场首选德国，并得到了分外挑剔的德国人的认可，这种先难后易的做法很快就使海尔快速成长为国际知名品牌。同样在国内，海尔洗衣机当年刚进上海时，上海洗衣机企业的老总不以为然：没什么大不了的，一个不成气候的企业，生产的洗衣机连小孩都能搬得动！当这个话传到张瑞敏耳朵的时候，他却真的做了件让所有人都意外的事情。他说：既然他们因为我们的产品小而看不上眼，那好，我们就在小上做文章，把"小"作为大大的卖点。于是立即行动，找了个6岁的小孩，以他能搬动的重量为标准，设计洗衣机。并以小孩搬动洗衣机为广告，迅速地展开宣传攻势，突出"小"的特点。此招一出，果然收到了出人意料的效果，产品大受上海消费者的追捧。

你得有颗坚强的心

美国一出版商有一批滞销的书久久不能脱手，便给总统送去一本，并三番五次地征求总统的意见，忙于政务的总统没有时间与其纠缠，便随口应了一句："这本书不错！"出版商如获至宝般地大肆宣传："现在有总统先生喜欢的书出售。"于是，这些滞销的书不久就被一抢而空了。不久，这个出版商又有书卖不出去了，他又送给总统一本。总统上了一回当，想奚落他一下，便说："这本书糟透了。"出版商听后大喜，他打出广告："现在有总统讨厌的书出售。"结果，不少人出于好奇争相购买，书随之脱销。出版商第三次将书送给总统的时候，总统接受了前两次的教训，不置可否。出版商却大做广告："现在有总统难以下结论的书出售！"居然又一次大赚其利。

我们试想这个出版商被总统批评后就受不了打击，放弃了，那他还能取得成功吗？当然，我们不是鼓励大家增加脸皮的厚度，而恰恰相反，是要提醒大家在面对困境，尤其是来自外界的挫折和打击的时候，如果我们只是自怨自艾，那只会让我们与成功擦肩而过，倒过来想，这也许就是机会。就像有的同学在被老师批评时常常会这样安慰自己：这是老师看得起我，要不然他理都不理我。这样一想是不是别有一番天地了，如果钻牛角尖，每天为了"老师为什么看我不顺眼"而烦恼，那我们还怎么专心学业呢？

设身处地地想

有这样一个有趣的故事：法国有个女高音歌唱家，她有一个美丽的大花园。周末，常有人在里面郊游，留下一片狼藉。管家曾想尽办法制止，可无济于事。最后，女歌唱家就写了一块牌子，立在园门口。从此，人们就不再进来了。大家猜一猜，牌子上写了什么呢？一块小牌子为什么有那么大的威力呢？有人说"本园不对外开放"，有人说"进园罚款"，也有的说"园内有猛兽，请勿进入"……然而女歌唱家写的是："请注意！如果在园中被蛇咬伤，距此最近的医院有五十多千米，驾车要半个小时。"这个答案出乎很多人的意料之外，这位聪明的歌唱家，没有怒气冲冲地写上"禁止入内"等严厉的话语，而是对私自闯入者进行了善意的提醒，但却足以让人望而却步。这位女歌唱家的成功之处就在于她能为别人设身处地地着想，而有的人不但能为别人着想，还能替小动物考虑，从而获得了可贵的商机。

在传统的动物园里，动物们都是被关在笼子里而人们在笼外参观。由于笼子太小，动物们因被极度地限制着而渐渐失去野性，因此，人们所看到的动物已不是自然界中真实的动物了。为此，有些爱动脑的人们便采用逆向思维的方法来重新设计动物园。于是，世界上出现了野生动物园。易地而处，倒过来想，世界因此大不同。

另辟蹊径　海阔天空

不破不立

一天，一位专家不小心打碎一个花瓶，但他没有陷入沮丧，而是细心地收集起满地的碎片。他把这些碎片按大小分类称出重量，结果发现：10—100克的最少；1—10克的稍多；0.1—1克和0.1克以下的最多。同时他还发现，这些碎片的重量之间，存在着一种很有趣的倍数关系，即，较大块的重量是次大块的重量的16倍，次大块的重量是小块重量的16倍，小块的重量是小碎片重量的16倍……因此，他发现了"碎花瓶理论"，这个理论，给考古学和天体研究带来了意想不到的惊喜，因为，它可以用来帮助人们恢复文物、陨石等不知其原貌的物体。这个人，就是大名鼎鼎的丹麦物理学家雅各布·博尔。

有位教授向学生出了这么一道考题：一个聋哑人到五金商店买钉子，先用左手捏着两只手指作持钉状，然后右手做捶打状，售货员以为他要买锤子，便递过一把锤子，聋哑人摇摇头，指了指自己作持钉状的两只手指（意思是想买钉子），售货员终于醒悟过来，递上钉子，聋哑人高高兴兴地买到了自己想买的东西。这时，又来了一位盲人顾客，他想买剪刀……教授说到这里，停顿一下，提出下面这个问题：大家能否想象一下，盲人如何用最简单的方法买到剪刀？听过教授刚才的叙述，有个学生立即举手回答："很简单，只要伸出两个手指头模仿剪刀剪东西就可以了。"对于这位学生的回答，全班都表示同意。这时，只听教授微笑说："其实，盲人只要开口说一声就行了，因为盲人并非聋哑人，自己能说话。而如果用手指模仿剪刀剪东西，自己反倒看不见。

我们的思维常常受制于常规或者习惯，这样当我们碰到问题就容易走进"死胡同"，而逆向思维就是帮我们跳出这个框框，找到解决问题的方法。就像是那个打破了花瓶的学者，按照惯常的想法，我们最多把碎花瓶丢掉，如果实在觉得可惜，可能还要伤心几天，可是这位学者就是与众不同，利用打破的花瓶反而建立了新的理论。我们知道每天我们都会丢掉很多的垃圾，可是大家都觉得这很正常，没有什么，但就是有人从垃圾里面发现了宝贝，从易拉罐里提炼出铝，然后通过回收这些我们眼中的废品而建立起自己的事业。

比如有一个国王，他要挑选继承人，就给两个儿子出了道难题："给你们一人一匹马，你们骑到清泉边去饮水，谁的马走得慢，谁就是赢家。"老大想用"拖"的办法取胜，而弟弟抢过一匹马就飞驰而去。结果弟弟胜了，因为他骑的是老大的马，自己的马自然落到后面。再聪明的人，如果只是沿着直线思考，也很容易钻进牛角尖，智力可能比平常人还低，而最重要的就是我们思考问题的思路对不对头，如果不对头，再聪明也是徒劳，而相反，则会收到意想不到的效果。

孙膑是战国时著名兵家，至魏国求职，魏惠王心胸狭窄，忌其才华，故意刁难，对孙膑说："听说你挺有才能，如你能使我从座位上走下来，就任用你为将军。"魏惠王心想：我就是不起来，你又奈我何！孙膑想：魏惠王赖在座位上，我不能强行把他拉下来，把皇帝拉下马是死罪。怎么办呢？只有让他自动走下来。于是，孙膑对魏惠王说："我确实没有办法使大王从宝座上走下来，但是我却有办法使您坐到宝座上。"魏惠王心想，这还不是一回事，我就是不坐下，你又奈我何！便乐呵呵地从座位上走下来，孙膑马上说："我现在虽然没有办法使您坐回去，但我已经使您从座位上走下来了。"魏惠王方知上当，只好任用他为将军。

在这个故事中我们真的是要为孙膑的勇气与智慧鼓掌，他成功的原因是倒过来想问题，从打破的角度去考虑建立的问题，如果硬来肯定不行，那就用另一个问题来打破这个僵局，然后契机就出现了，自此也算实现了"天高任鸟飞，海阔凭鱼跃"。

不走寻常路

在八年抗日战争时期，有一次，敌人把一个村庄包围了，不让村里的任何人出去，派了一个伪军在村子通向外界的唯一通道——一座小桥上把守，正巧村里有一个重要的情报要报告给在村外的八路军领导人，在敌人看守如此严密的情况下，怎样才能把情报顺利又安全送出去呢？

村里的一个小战士，勇敢地担当起这个任务，这个小战士在黄昏时趁着夜色的掩护，悄悄地来到了小桥旁边的芦苇地，躲藏了起来，他注意到守关卡的敌人打起了瞌睡，凡是有村外的人来，他总是头也不抬就说："回去，回去，村里不让进！"如此几次，小八路心里有了主意，于是他钻出了芦苇地，悄悄接近并上了小桥，就在敌人抬头发话之前他突然转身向村里的方向走来，并且故意把脚步声弄得挺大，敌人还是头也不抬地说："回去，回去，村里不让进！"结果小战士顺利过关把情报安全地送了出去，为部队打胜仗立下了汗马功劳。

这个小战士"不走寻常路"就是逆向思维的成功运用，寻常来看，出去只有一条路，可是这个小战士了不得，在他这里路非路，人非人，路在人身上，他没有把思维聚集在小桥本身，而是从敌人身上找到了突破口，利用人的心理，顺利出村，送出情报。

哲理链接 ···

　　唯物辩证法认为矛盾是普遍存在的，这要求我们要全面地看问题。斗争性和同一性是矛盾的两种基本属性。矛盾的统一性是指矛盾双方相互依存、相互贯通的一种联系和趋势。矛盾的对立性是指矛盾双方相互排斥的属性，体现着双方相互分离的倾向和趋势。矛盾同一性与斗争性之间是对立统一的辩证关系。第一，矛盾的同一性和斗争性之间是相互联结、相互制约的。一方面，同一性依赖于斗争性，同一是包含着差别、对立的同一，没有斗争性就没有同一性；另一方面，斗争性寓于同一性之中，斗争是同一中的斗争，没有同一性，斗争性也不能成立。第二，同一性与斗争性之间是相对与绝对的关系。斗争性是绝对的、无条件的，同一性是相对的、有条件的，斗争性最终导致同一性的分解，有条件的同一性和无条件的斗争性相结合，推动着事物发展。

第八编 DI BA BIAN
简单思维——简单不简化

"简单到复杂是自然进化之道，复杂到简单是智慧进化之道"。

别把简单问题复杂化

"每件事情都应该尽可能地简单，如果不能更简单的话。"

——爱因斯坦

爱迪生有个助手叫阿普顿。阿普顿出身名门，又是高等学府的佼佼者，他毕业后被安排到爱迪生身边做助手。虽然是助手，但阿普顿的优越感使他对爱迪生不以为然。但后来发生了一件小事使阿普顿对爱迪生佩服得五体投地，从此以后对爱迪生崇敬了起来，兢兢业业地为爱迪生做着助手的工作。那天，爱迪生由于实验的需要让阿普顿去测量一下电灯泡的容积。阿普顿开始认为非常简单，因此满怀信心地答应了。他把这个梨形的灯泡拿到自己的工作间，先进行了测量，又绘制出了草图，然后便用各种公式进行起了复杂的运算。可两个小时过去了，阿普顿依然没能算出来。爱迪生看见他焦头烂额的样子，轻声说了一句："你把简单的问题复杂化了。"然后爱迪生拿起灯泡去盛满水，把水倒进了量杯里，这下答案马上就出现了：量杯上水面达到的刻度就是灯泡的容积。阿普顿恍然大悟，又惊又喜，惊喜过后随之而来的是深深的愧疚和自责。从此以后，他对爱迪生的态度发生了彻底的扭转，在工作中也更加的诚恳与用心了。

阿普顿虽然是名牌大学的高才生，但是在他身上却折射出我们很多人自以为是，却把简单问题复杂化的习惯。我们是不是经常会像阿普顿一样在一件小事上就浪费了很多的时间，而爱迪生却在他有限的生命里做出那样大的成就。有时我们常常在不知不觉中把问题表述为"难"题，这不仅是一个表达习惯，更是一种心理暗示。因为当我们解决某一"难"题时，很容易在一开始的时候就将问题想得特别复杂。而当我们把它想复杂后，如果一时没有解决，那就又有可能失去信心，进而更加重了问题的难度，使之变成了恶性循环。而事实上却忽略了最简单的解决方法。

据说，前苏联火箭专家库佐寥夫曾经为解决火箭上天的推力问题而苦恼万分，食不甘味。有一天，他的妻子说："这有何难呢？像吃面包一样，一个不够再加一个；还不够，继续增加。"他一听，茅塞顿开，遂采用三节火箭捆绑在一起进行接力的办法，终于成功地解决了火箭上天的推力难题。在这里，成功就是因为想到了一个简单的数学加法。

忘了初衷

有个人要在客厅里钉一幅画，请邻居来帮忙，画已经在墙上扶好，正准备砸钉子，这时邻居却说："这样不好，最好钉两块木板，把画挂上面。"于是，他找来锯子，但还没锯两三下，又说："不行，这锯子，得磨一磨。"接着，他丢下锯子去拿锉刀。锉刀拿来了，又发现锉刀在使用之前，必须得安个把柄。为此，他拿起斧头到屋外的一个灌木丛里去寻找小树。就在要砍树时，他又发现生满老锈的斧头实在是不能用，必须得磨一下……当这个邻居为磨斧头找不到磨石，又去为买锯子而忙乎时，画早已钉在了墙上。

我们生活中其实有许多像这个"邻居"一样走不回来的人。他们为了要做好一件事，就认为必须得去做前一件事，要做好前一件事，必须得去做更前面的一件事。这样不断逆流而上，却把最初的目的忘得一干二净。那些从早到晚忙忙碌碌的人，他们真的知道自己在忙什么吗？

是你的心太复杂

有一个很有趣的有奖征答题目：在一次乘船游览中，母亲、妻子和儿子同时落水，应该先救谁？有人说先救母亲，因为妻子没了可以再娶，儿子没了可以再生，唯有母亲今生今世只有一个；有人说先救妻子，因为有了妻子便会有儿子，至于母亲已近人生之途的尽头，死也无憾；还有的人说应该先救儿子，因为儿子年龄小，尚未体验人生的乐趣，而母亲、妻子则不然。3种答案各有其理，但都未获奖。获奖者竟是一名8岁小孩，他的答案是：应当先救离自己最近的人。为什么大人不能获奖而小孩获了奖呢？原因是大人惯于复杂思维，我们复杂的心让我们用复杂的眼去看世界，也常常让我们用复杂的头脑去思考一切。

同样的有奖问答还有：（1）如果罗浮宫失火了，只允许你救出一幅画，你会救哪幅？（2）在一个充气不足的热气球上，载着3位关系世界兴衰命运的科学家：一位是环保专家，他的研究可使无数人免于因污染而死亡；一位是核子专家，他有能力阻止全球性的核子战争爆发；一位是粮食专家，他能在不毛之地种植粮食，使几千万人免于饿死。此刻热气球即将坠毁，必须丢出一个人以减轻载重，使其余的两人得以存活，请问该丢下哪一位科学家？我想现在你一定有了答案。

那我们再看一个问题："空中两只鸟，一前一后地飞着，你怎样一下子把它们都抓住？"你是不是想说先抓后面的那只？很多人给了我们很多的答案，比如，用大网、用气枪、用麻袋……说什么的都有，方法很多，但大家感到这些方法都难以实现。

最后让我来告诉你："照相！"你想到了吗？就是这样，一个简单的"瞬间"却留下了永恒的"精彩"。世间本无事，庸人自扰之。其实事物发展自有其规律，一切事物的起点也都是简单的，只是我们常常用复杂的心去看待它们，然后又用我们的"复杂"的思考结果把自己束缚住，这就让我们在面对问题的时候多走了许多弯路。

杂乱与拖延使问题复杂

不知同学们有没有这样的经验，一个星期天的早上，你睡在床上，想要起床又不想起床，与自己反复较劲，所谓"一日之计在于晨"的一点雄心也一点点被磨光了。好不容易爬起来，吃过早饭，坐在沙发上不想动，想着看一下新闻吧，打开电视一看就是两个小时，可是这两个小时也没看什么，就是光换台了，然后想想还是要做作业的，于是坐在书桌前，可是来到书桌前才发现，一桌子的书本、用具，还有很多的零食包装袋，梳子，小镜子，MP3……我要先做什么呢？纠结了半天，想想要不先收拾一下桌面，整理一块地方出来好做事情，可是……好吧，无止境的拖延又开始了。而这样的杂乱与拖延让本来简单的做作业这件事，似乎变得复杂无比，久而久之，我们眼前就总有一座无形的由作业堆成的山，仿佛永远也做不完。这时我们应该学会这样一种能力，快刀斩乱麻，从眼前的事情开始马上行动。

公元前333年冬，马其顿国王亚历山大，率领大军抵达戈尔迪乌姆建立冬季营地。在这里，亚历山大听到这座城市的一个著名传说——"戈尔迪之结"，据说，这个绳结是希腊神话中弗利基亚国王戈尔迪亲自缠绕的，结构非常复杂，按照神谕，谁要是能解开"戈尔迪之结"，他就将成为亚细亚之王。亚历山大对这故事很感兴趣，他命人带路将他引到"戈尔迪之结"跟前，试图亲自解开它。亚历山大在绳结跟前试了半天，仍然找不到绳子的头绪，他茫然地问自己："我怎样才能打开这个结呢？"突然，他伸手从腰间拔出利剑，将这闹心的绳结，一劈两半。从此，亚历山大战无不胜，后来，他果然称霸亚细亚。

拖延现象现在已经成为现代社会的一个普遍的心理现象，它与杂乱有着千丝万缕的关系。面对这种现象，明清交替的中国，一位名叫钱鹤滩的学者所作的那首脍炙人口的《明日歌》也许是最有效的治疗之法："明日复明日，明日何其多。我生待明日，万事成蹉跎。"

大道至简

奥卡姆剃刀

奥卡姆剃刀是由14世纪英格兰圣方济各会修士威廉提出来的一个原理，其含义是：只承认一个确实存在的东西，凡干扰这一具体存在的空洞的普遍性概念都是无用的累赘和废话，应当一律取消。他使用这个原理证明了许多结论，他的格言"如无必要，勿增实体"也得到了广泛的传播。这一似乎偏激独断的思维方式，后来被人们称为"奥卡姆剃刀"。奥卡姆剃刀的出发点就是：大自然不做任何多余的事。如果你有两个原理，它们都能解释观测到的事实，那么你应该使用简单的那个，直到发现更多的证据。对于现象最简单的解释往往比复杂的解释更正确。如果你有两个类似的解决方案，选择最简单的、需要最少假设的解释最有可能是正确的。这里就有一个有趣的故事，讲的是日本最大的化妆品公司收到客户抱怨，买来的肥皂盒里面是空的。于是他们为了预防生产线再次发生这样的事情，工程师想尽办法发明了一台X光监视器去透视每一台出货的肥皂盒。同样的问题也发生在另一家小公司，他们的解决方法是买一台强力工业用电扇去吹每个肥皂盒，被吹走的便是没放肥皂的空盒。同样的事情，采用的是两种截然不同的办法，你认为哪个更好呢？

六百多年来，这一原理在科学上得到了广泛的应用，从牛顿的万有引力到爱因斯坦的相对论，奥卡姆剃刀已经成为重要的科学思维理念。许多科学家接受或者（独立的）提出了奥卡姆剃刀原理，例如莱布尼兹的"不可观测事物的同一性原理"和牛顿提出的一个原则：如果某一原因既真又足以解释自然事物的特性，则我们不应当接受比这更多的原因。

奥卡姆剃刀广为世人所知，也是在现代社会中广泛地应用于企业管理中。它帮助企业制定决策时，应该尽量把复杂的事情简单化，剔除干扰，抓住事情的关键，解决最根本的问题，才能让企业保持正确的方向。对于现代企业来说，信息爆炸式的增长，使得影响企业发展的因素越加复杂，所以要想化繁为简殊为不易。用系统思维的方法来看，企业管理是系统工程，包括基础管理、组织管理、营销管理、技术管理、生产管理、企业战略等等要素，奥卡姆剃刀原则，并不是把众多相关因素都剔除，而是要通过奥卡姆剃刀帮助企业梳理脉络，加强核心竞争力。

通用电气公司的杰克·韦尔奇就深得威廉的真传。他用一把锐利的剃刀剪去了通用电气身上背负了很久的官僚习气，使通用能够轻装上阵，取得了巨大的成功。通用电气是一家多元化公司，拥有众多的事业部和成千上万的员工，如何有效地管理这些员工，使他们达到尽可能高的生产率，是杰克·韦尔奇一直苦苦思索的问题。他认为，过多的管理促成了懈怠、拖拉的官僚习气，会把一家好端端的公司毁掉。最后他总结出一个在他看来是最正确而且也必将行之有效的结论：管理越少，公司情况越好。从接手主持通用电气的那一刻起，韦尔奇就认为这是一个官僚作风很严重的地方。控制和监督在管理工作中的比例太高了。于是他下刀了，韦尔奇向通用电气公司的官僚习气宣战了：简化管理部门；加强上下级沟通，变管理为激励、引导；要求公司所有的关键决策者了解所有同样关键的实际情况……在韦尔奇神奇剃刀的剪裁下，通用保持了连续20年的辉煌战绩。

这就像是每一部优秀的电影后面必然有一位伟大的"剪刀手"，虽然有很多精彩的情节，看起来哪一部分也舍不得剪掉，但是我们知道，只有剪掉之后剩下的才更能称之为精彩。

这与我们常说的"轻装上阵"有很多相似之处，这个原理要求我们在处理事情时，要把握事情的本质，解决最根本的问题。尤其要顺应自然，不要把事情人为地复杂化，这样才能把事情处理好。其实在我们的学习过程中，奥卡姆剃刀也同样有效，打开你的书桌，看一看里面哪些东西是不必要的，检视一下你的学习过程，看一下可以剃除哪些繁杂的形式，再进入自己的思想，看一看把哪些自寻烦恼的念头剃掉？是不是感觉身上的"包袱"轻了很多，相信这样你也可以跑得更快一些。

简单的招数练到极致就是绝招

在许多武侠小说中，侠客们有许多的招数，看得我们眼花缭乱，可是我们发现最厉害的却往往是最简单的，独孤九剑傲视群雄，小李飞刀一刀致命……可是别看它简单，却都是苦练的结果。其实我们的生活与学习中有很多的事情都是一些琐碎的、繁杂的、细小的事务的重复。但是很多的同学认为这是小事，不值得做，也不屑于做，比如值日打扫卫生，有的同学能偷懒就偷懒，认为这是小事，只要我会读书就好了。其实不然，我们中国古代有句名言说：一屋不扫何以扫天下。其实天下的道理很多都是相通的，面对这些小事，我们可以用最简单的思维去对待它们，重复去做，因为这些看似细小的事，日积月累，却改变着我们的习惯，也改变着我们的人生轨迹。

"价格猜猜猜"（The Price Is Right）作为美国历史上风行时间最长的一档电视节目，就是"从窘境中激发创意"的经典案例。该节目包含一百多个游戏，每一个游戏都是建立在一个问句的基础上："这样东西值多少钱？"这个简单的公式在长达三十多年的时间里吸引了无数粉丝。这档节目成功的关键就在一个简字，把简单的招数练到极致。记得有一个青年人，想学高深的武艺，于是拜一位寺里的高僧做师傅，师傅要他每天练习拍水，日复一日，就这样过了三年，每次他问师傅是不是该学其他的了，师傅总是摇头，最后，他终于忍不住，认为师傅没什么真本领，就下山去了，回到家中，他刚一推门，门便化为木屑，这时他才明白师傅的苦心。

简单恰是一种丰富

你经历过停电吗？相信在这个时代，很多人都不能想象没电的生活将会怎样。在参与"地球停电一小时"活动中，我们从中发现了许多事情的真相。原来这世界上还有神奇的萤火虫，还有城市的静寂夜晚，久违的家庭温馨和邻里的关怀。现在很多的人开始选择"无电源插头"的生活。他们的理由是：孩子们可以在无电视的环境里成长，没有暴力，没有商业行为，没有电子游戏。孩子们读书、爬树、在河里游泳……总之，他们像健康的小动物一样成长。其实，他们本来就应该是这样的。还有就是经济、省钱。人们不用月月缴纳电费、有线电视费以及各种网络有偿服务的费用，甚至不必受到电视广告的诱惑而增加不必要的消费。但是在这样的生活中，人们不但没有感到简陋，反而使精神更为自在充实。

其实简单生活并不是无所事事，不是一天到晚啥事不做，只是吃饭睡觉，那岂不是像那个懒人一样，妈妈出门后怕他饿死，在他的脖子上挂了一个饼，可是他还是饿死了，原因是他只吃一面，懒得去转另一面。所以我们所说简单的生活并不是这种懒人生活，而是追求心灵的单纯。一个清洁工和一个公司总裁同样可以选择过简单生活，"简单"的关键是我们自己的选择和内心的感受。所以简单思维并不是肤浅或者空洞或者粗糙，恰恰相反，它是一种美的表达，是一种对美的追求，当我们带着简单思维去重新审视我们的生活，我们会从中发现更多的美。这就像是写作，著名作家欧内斯特海明威以及雷蒙德·卡佛就发现，坚持使用简单直白的语言能为作品带来更强大的冲击力。我们往往能从《诗经》那穿越千年而来的极简单的文字里感受到那种对生活的热切追求，我们也往往能从唐诗宋词重复的韵律与格式中读出丰富的人生与厚重的历史。就像是只有像老顽童和郭靖这样的单纯之人才能练得成"双手互搏"的绝招，而当杨过把所有功夫都融会贯通，才发现原来一根木剑都是多余。

专注做你喜欢的事

在谈论我们自己之前，让我们先来看看刺猬的简单哲学：狐狸知道很多事情，刺猬只知道一件大事。狐狸是一种狡猾的动物，能够设计无数复杂的策略偷偷向刺猬发动进攻。狐狸行动迅速，皮毛光滑，脚步飞快，阴险狡猾，看上去准是赢家。而刺猬则毫不起眼，遗传基因上就像豪猪和犰狳的杂交品种。它走起路来一摇一摆，整天到处走动，寻觅食物。照料它的家，过着简单的生活。一天，狐狸在小路的岔口不动声色地等待着。刺猬只想着自己的事情，一不留神转到狐狸所在的小道上。"啊，我抓住你啦！"狐狸暗自想着。它向前扑去。跳过路面，如闪电般迅速。小刺猬意识到了危险，抬起头，心里说："我们真是冤家路窄了，它就不能吸取教训吗？"它立刻缩成一个圆球，浑身的尖刺，指向四面八方。狐狸正要向它的猎物扑过去，看见了刺猬的防御工事，只好停止了进攻。撤回森林后，狐狸开始策划新一轮的进攻。刺猬和狐狸之间的这种战斗每天都如此，总是以某种形式发生，却以同一种形式结束。

狐狸同时追求很多目标，它的思想没有集中在一个统一点上，那么就难免摇摆。而刺猬则把复杂的世界简化成一个基本理念，统率着它生活的其他方面，不管面对什么情况，它都能进退自如。

　　著名的连锁药店沃尔格林从1975年到2000年获得超过市场价值15倍的累积股票收益率，从而轻松打败了像通用电气、默克、可口可乐和英特尔公司这样强劲的对手。对于一个默默无闻，甚至被人轻视的公司，取得这样的业绩，实在令人瞩目。采访科克·沃尔格林时，记者坚持要求他谈得更深入些，以便人们能够理解他的公司取得这样骄人业绩的原因。以至于最后把他逼急了，大声说："听着，其实并没有那么复杂！一旦明白了这个理念，这个理念是什么？很简单，最好、最便利的药店，可观的单位顾客光顾利润——这就是沃尔格林公司用来打败商业巨头的突破战略……沃尔格林公司启动了一个系统项目，把所有不方便的店址都换到更加方便的地方，最佳地点是顾客能够很容易从多个方向进出的拐角。沃尔格林率先采用顾客开车进店买药方法，他发现顾客喜欢这种方式，就建立了成百上千个这样的药店，并且把他的药店都紧密地聚集在一起，其原则是没有人必须穿越好几个街区才能到达一个沃尔格林药店。举例来说，在旧金山的商业区，沃尔格林在方圆1英里内聚集了9个药店。如果仔细观察，你就会发现在一些城市里沃尔格林的药店，就像西雅图的星巴克咖啡店一样星罗棋布。沃尔格林公司紧接着把这种便利观念和一个简单的经济观念联系起来，那就是提高单位顾客光顾利润。紧密聚集的药店（每英里9个药店）促进了当地的规模经济，继而为进一步的集中提供了资金，从而又吸引了更多的顾客。通过增加高回报服务项目，沃尔格林提高了单位顾客光顾利润。更多的便利增加了顾客光顾的利润，就会有更多的资金回流到系统，建立更多的便利药店。药店连接药店，街区连接街区，城市连接城市，事情就是这样简单。

我们所生存的世界，有太多的诱惑，太多的精彩，所以我们对这世界充满了太多欲望的向往，想要的东西太多，什么都想抓在手上，我们关于未来有太多的想法，结果就像我们伸手去抓硬币，越想抓紧，反而能抓住的越少。我们的一生看起来很长，其实又很短，不过是在门一开一合之间，所以我们一辈子能够把一件事做好，那就已经很好了。巴菲特从11岁开始买第一只股票，到70岁，也没有改行的迹象，他这辈子也就只能是个投资大师了。巴菲特肯定也知道做软件很赚钱，但他肯定不会去做，而比尔·盖茨如果去股市淘金，以他的实力，应该也不难，但他如果真那样做了，他也就不是比尔·盖茨了。很多时候我们能够专注地做一件自己喜欢的事，是一种运气，而能在这个事情上一直钻研下去，那更是会领略到别人看不到的风景。

中学政治课讲到企业的管理时，有过这样的事例，浙江省有很多私营企业，当这些企业开始赚到钱，有了一点积累以后，就开始涉足很多的行业，看哪个行业赚钱就往哪里去，可是由于经验不足，精力也不足，对市场信息掌握不足等等原因最终把开始的成绩一点点拖跨了，所以我们有很多的小企业很难做大做强，做出国内国际知名的品牌，太过分散的目标和摇摆不定的经营战略是重要的原因。那么回望我们自身，舍得之间，你是否已经懂得？

哲理链接 ···

　　唯物辩证法告诉我们在复杂事物发展的过程中，存在多种矛盾，其中处于支配地位起决定作用的矛盾称为主要矛盾，而处于被支配地位对事物发展不起决定作用的矛盾称为次要矛盾。主次矛盾的辩证关系要求我们要坚持两点论与重点论的统一，在解决问题的时候要学会抓住问题的关键，同时处理好主要矛盾与次要矛盾的关系。

第九编
DI JIU BIAN
想象思维——挥动思维之翼

想象力比知识更重要，因为知识是有限的，而想象力概括着世界上的一切，推动着进步，并且是知识进化的源泉。严格地说，想象力是科学研究中的实在因素。

——爱因斯坦

隐形的翅膀

关于想象思维，让我们先来看几组关于想象的实验：

（1）早在中世纪，人们发现有些患有歇斯底里症的病人，每当想到耶稣被钉在十字架上的痛苦时，他们自己的手掌和脚掌上就会出现瘀血溃疡症状，就像自己受了同样的刑罚一样。当时的人把这种症状叫圣斑。这一令人吃惊的事实的出现是病人的想象所致。

（2）在后来的研究试验中发现，让一个人想象他正举起一个物体，那么他的肌肉会略显紧张，并记录到他的生物电流，如果把物体想象得越重，那么肌肉紧张和电激活的程度就越明显。

（3）有人只要想象自己的右手靠近炉旁，而左手拿着冰块，他的右手的表面温度会上升，而左手的表面温度会下降。同样，当一个人想象自己静卧病床时，他的心跳节律明显减慢，而当他想象自己在追逐一部电车时，他的心跳节律会显著加快起来。

（4）投篮心理意象实验

心理学家希尔有名的投篮心理意象实验。这项实验是针对学生的运动成绩进行的。实验者将受试者分为三组：

第一组学生在20天内每天练习实际投篮20分钟，并把第一天和最后一天的成绩记录下来。

第二组学生记录下第一天和最后一天的成绩，但在此期间不做任何练习。

第三组学生记录下第一天的成绩，然后每天花20分钟做想象中的投篮，如果投篮不中时，他们便在想象中做出相应的纠正。

实验结果可能把你吓一跳：第一组学生进球增加了24%；第二组学生因为没有经过练习，毫无进步；第三组学生每天想象练习20分钟，进球增加26%。

让生活更有趣

你一定看过麦兜，他的梦想是去马尔代夫，那是他梦想的天堂，当妈妈设计了一个路线带着麦兜踏上了马尔代夫之旅，但却使了个障眼法，把过山车站当成飞机场，海洋世界换成印度洋，更甚的是把冰箱里的鱼扔到水里当做不小心捉到的。这一切都蒙得麦兜屁颠屁颠的，那是他一生中最快乐的时光。

你也一定看过阿凡达，那炫目的场景，一定还在你的脑海里回荡：高达900英尺的参天巨树、星罗棋布飘浮在空中的群山、色彩斑斓充满奇特植物的茂密雨林、晚上各种动植物还会发出光，如同梦中的奇幻花园；异形化的飞禽走兽多为六足，并且都有外露的神经接口；巨型有尾近乎猫科类智能生物体，皮肤呈剥裂状蓝色，表层有荧光色斑，颜色由自身情绪状态决定，居住在凝聚万物万灵和谐共处、平等互重幽萤圣洁的灵魂树中，过着万物惺惺相惜、心底澄清世外桃源般的原始生活，就在这颗孕育巨大自然资源的原始星球上，拥有无与伦比的复杂而独特的生态系统，千姿百怪发达而奇特的神经网络生物体，卡梅隆用想象力为我们开创了一个新的科幻时代！

你当然还必须看过海贼王，你是不是也想象过像路飞一样立志成为海盗王，为了寻找传说中的秘宝ONE PIECE而踏上的凶险无比同时也波澜壮阔的冒险之旅？

……

那些给你的生活增添了无数色彩的影像无一不是想象力的产物，是作者的想象力和你的想象力的叠加。如果缺乏想象力，人的生活将变得十分无趣。你能想象一个只有过去与现在，而对未来没有憧憬的人吗？能，说明你还有想象力。

让心灵更丰富

三国时期，曹操率领部队去讨伐张绣。时值七八月间，骄阳似火，万里无云，士兵们口渴难忍，行军速度明显变慢，有几个体弱的士兵竟然体力不支晕倒在道旁。曹操见状，非常着急，心想如果再这样下去，部队根本不能如期到达目的地，战斗力也会大大削弱。于是他叫来向导，询问附近可有水源？向导说最近的水源在山谷的另一边，还有不短的路程。曹操沉思一阵之后，一夹马肚子，快速赶到队伍前面，然后很高兴地转过马头对士兵说："诸位将士，前边有一大片梅林，那里的梅子红红的，肯定很好吃，我们加快脚步，过了这个山丘就到梅林了！"士兵们一听，不禁口舌生津，精神大振，步伐加快了许多。这个故事叫做望梅止渴。有的人可能说这是骗人，其实并非，这是想象给我们的心灵带来了意想不到的果实。

如果你与周围的人发生了矛盾或遭到了无端的批评，当你改变不了这种现状时，美国加利弗尼亚州立大学心理学专家尹璞教授的想象"高招"，这样告诉我们：在脑子里拍电影或者卡通，越滑稽的形象越好，你可以把对方想象成一只流氓兔，一只流氓兔伸着小胖手，连蹦带跳在你面前发脾气是什么样子？你还可以倒着放电影，把对方说的话想成漫画对话框那一个个"小气球"，里面写着骂人的话，把这个倒着放，想象着对方把他说的话一口一口吞进去。想到这些，你就会觉得滑稽、好笑，心中的郁闷不知不觉也就减少了。

当我们在面对学习上的挑战的时候，是什么支撑我们不要放弃，努力向前？我想更多的是来自于对未来的想象，我们想象自己学成之后可以无忧无虑，从容应对生活中的一切。当我们周围的环境不尽如人意的时候，你可以闭上眼睛想象"在蓝天白云下，自己躺在绿茵茵的草地上，小鸟唧唧喳喳的叫声像一首催眠曲"，在这种想象中你可以很快地放松，进入到一种悠然的状态。

总之，想象帮助我们去追寻了人生的航向。也正因为如此，我们能从麦兜身上学到虽平凡却坚韧，虽不聪明却善良的生活态度，我们能在阿凡达那令人惊叹的场景中感受环境之于我们的重要性，我们能从海贼王当中看到梦想的力量。

让未来更圆满

18世纪法国著名科幻作家儒勒·凡尔纳一生中运用憧憬性想象写出了104部科幻小说和探险小说，书中写的霓虹灯、直升飞机、导弹、雷达、电视台等，当时虽都不存在，但在20世纪都已实现。更使人难以置信的是，凡尔纳曾预言：在美国的佛罗里达将建造火箭发射基地，发射飞向月球的火箭。一个世纪以后，美国果然在佛罗里达发射了第一艘载人宇宙飞船。凡尔纳幻想的事物70%如今已成为现实。这足以证明，憧憬性想象的确是科学创造发明的前导。

18世纪初，人们对电的现象与本质还没有建立起完整清晰的科学理论。富兰克林根据自己的实践，创造性地把电想象为一种流体，并设想这种流体充塞于一切物体中，当它处于稳定状态时，物体不带电，流体过多时就带正电，过少就带负电；流体有趋于稳定的趋势，这种趋势表现为吸引力，引力太强就发生火花或电震。富兰克林丰富的想象对电学发展有着深刻的影响，科学家们后来证实，富兰克林所设想的电流体就是电荷，他这种非凡的想象与现代电学原理有着惊人的吻合。我们因此也发现，想象思维指引着我们的未来，可是我们从出生起就一直被灌输这样的思想：很多事情我们干不了。然而，历史上有成就的思想家、发明家、作家等等无不是用他们超凡的想象思维，敢于将想象变成现实。虽然他们常常因为那些稀奇古怪的想法被人耻笑，但是直到有一天，他们创造出引人惊叹的作品，人们才发现他们的想法原来如此奇妙。

说到这里你想到了什么？如果没有，那么当你在咬了一口苹果以后你会想到什么？乔布斯想到了"苹果"。苹果就是靠想象力打下天下的。所有的苹果产品，都是苹果员工用想象力创造出来的东西。乔布斯的想象思维，是上天赐予他的最好的礼物。乔布斯想象着，以后每一个家庭会拥有一台电脑，以后的电脑会变得跟记事本一样薄，以后的电影可以用计算机来制作……这些在当时看来犹如天方夜谭的想法，如果从另一个人口中说出，那么，人们会认为他是在妄想，但是还好，这世上还有很多和乔布斯志同道合的人，即使再荒诞不经的想法，乔布斯和他的团队都能将其贯彻始终，他们竭尽全力去尝试。所以有生之年我们才有机会看到他将这些幻想一一展示给大家看，其实更多的人崇拜的不是苹果，也不是乔布斯，而是他那令人对未来有无限憧憬的想象思维，因为这种"幻想"能成就了我们的未来。

让想象的翅膀高高地飞翔

其实想象虽然看似离奇，但并不是无迹可循，也并不是少数人的特权，我们每个人都拥有想象思维的潜能。

记忆——飞翔的空间

法国作家伏尔泰说："记忆是想象之母。"

《西游记》是中国四大古典名著之一，我们很多人小时候的床边故事，那个神奇的猴子，也是很多人的向往，他有一根可以变化的棒子，他有腾云驾雾的本领，关键是他敢大闹天宫……同时我们脑海里还会浮现出很多跟他作对的"妖魔鬼怪"的形象，美奂美仑的西天之境等等，可是仔细想想这些不就是我们生活中的磨难与希望吗？而孙悟空身上则集合了我们很多人身上那种与生俱来的反叛精神。我们发现在进行想象的过程中，储存在我们大脑中的知识、经历，我们所见识或感受或听说或曾想象过的大千世界的种种都会融会在思维的过程之中。比如我们在写作文的时候，首先你就会自觉不自觉地在你的记忆库里提取材料，然后开始进行选择组合加工。鲁迅先生告诫文学青年，塑造小说人物形象时，往往是综合许许多多个人物而塑造出特定的一个典型形象。因此，他笔下的阿Q、闰土、祥林嫂、鲁四老爷既是生活中的人物，又不是生活中的实际人物，他们身上具有代表性，他把他记忆中的形象通过想象思维的艺术加工，为我们呈现出了辛亥革命前后中国农村的群像，这就是想象思维的效果。

而这与科学研究的结论不谋而合，有人说记忆是对过去事情的回顾，想象是对未来事情的构想，两者看似毫不相关，然而，科学家们通过几项研究发现，记忆与想象有着共同的神经机制。

大脑内部有个部位叫"海马"，因其形状与深海中遨游的海马相像而得名。它是大脑关键的记忆中枢，是记忆的"生产车间"。人们每天的所见所闻都会先在海马上"停留"和加工，并暂时储存在海马上。之后，大脑会自动地将这些记忆转移到大脑皮层的其他部位，以便使海马腾出地方继续"制造"新的记忆。所以，如果海马受到损伤，新的记忆就难以形成，人就会患上遗忘症。研究人员选择了5位海马受损的遗忘症患者，让他们与正常人一起想象在沙滩漫步或者休闲购物的情景，结果发现正常人能够非常清晰生动地描述出大大小小的细节，而遗忘症患者只能说出支离破碎、不甚相关的细节。"这就提示我们，海马受损也会导致想象力受损。"同时还有一项对正常年轻受试者做的大脑功能成像研究。科学家让他们先回忆一些过去的事情，再想象一下未来会发生的事情，他们采用磁共振的监测手段看到，受试者在回忆和想象时，大脑相同的区域在活动，包括海马也在活动。这个实验说明，记忆和想象发生在大脑的相同区域。这些都揭示了想象能力不是独立存在的，它以记忆为基础。

其实我们在考试的时候可能有过这样的经历，这个题目我明明理解它的意思，为什么写出来会面目全非，其实这时的问题可能不是你的理解问题，而是你的记忆问题，我们回答一个题目的过程，从某种程度来说，也是一个创造的过程，可是当你的大脑里没有材料，我们又如何建造这个"房子"呢？下面我们为想要改善记忆的同学提供一点参考建议：

（1）掌握关键词。

（2）组织线索，运用联想。

（3）做有效的笔记。

（4）练习和复述。

（5）不要相信有助记忆的药物广告。

兴趣是最好的催化剂

海曼是一位美国画家。他画画很投入，是一个非常用功的人。但是，由于海曼的画法不甚得当，又加上没有名师的指点，所以他从事绘画工作多年，却一直没有成名。要说海曼在美国有一点点小名声，那倒不是别的什么名气，就是他很穷，是出了名的穷画家。可是，没经过多久，海曼又出了名。海曼这次出名，仍旧不是因为绘画而成名，则是因为他一下子由一个穷画家变成了百万富翁。这到底是怎么回事呢？原来，海曼经常用小铅笔和小橡皮画素描。他画了擦，擦了又画。在画画的过程中，他一不小心就把橡皮条子给弄丢了。贫苦的海曼为了减少橡皮条的丢失，就把橡皮条切得很小，用铁丝把它固定在铅笔的顶端。海曼把铅笔和橡皮头组合在一起，尽管方法非常简单，但却是一种"出新"，即"组合出新"。制造商仅对其海曼的这种方法稍加改进，便成了以后在任何一个文具店都可以买到的"皮头铅笔"。

哈姆威是美国的一个糕点小贩。在一次于美国举行的世界博览会上，组委会允许商贩在会场外摆摊设点。这样哈姆威就来到了会场外出售他的甜脆薄饼。在他摊位旁边的是一位卖冰淇淋的小贩。当时正值盛夏，卖冰淇淋小贩的生意红火极了。但由于吃冰淇淋的人太多，盛装冰淇淋的小碟子不够使用，有很多顾客要等别人吃完退了碟子之后才能一享口福。哈姆威看到这种情况，灵机一动，把自己的薄饼卷起来，成为一个圆锥形，把"锥子"倒过来，就可以装冰淇淋吃了。顾客们目睹这种情况，都纷纷用薄饼卷成的小筒子装冰淇淋，并觉得这样吃起来更具有一番风味。就这样，薄饼装冰淇淋受到了出人意料的欢迎，这也就是现在大家喜欢吃的蛋卷冰淇淋的雏形，哈姆威也因此发了一笔横财。

这两个故事看似毫不相关，其实他们有一个共性，无论是海曼还是哈姆威他们都在各自所喜欢的领域里充分地发挥了他们的想象思维。我们发现每一个发明创造都是发明者对相应领域深入研究的结果。例如，牛顿对物理学的研究，发现了三大定律；达尔文对生物学的研究，写出了《物种起源》；李时珍对医药学的研究，写出了著名的《本草纲目》。可见，只有就某一领域深入研究，掌握必要的知识，才能在相应的领域展开想象的翅膀，进行创造想象。

很多人在某个领域极具想象力，而在其他领域内却显得很一般甚至很笨拙。比如家庭主妇，她们在布置家庭时显得极有灵气、极有创意，许多不起眼的东西经过她们的手便能化腐朽为神奇，成为装点家庭的很好饰物，她们的想象力在家庭的方寸空间内显现得淋漓尽致，这使得小家庭因为她们的想象力而变得温馨十足。还有她们织毛衣时，所采用的针法、毛线以及色彩图案搭配，甚至在开始织毛衣前所做的整体规划，其所表现的想象力都达到了很高的程度。然而，大部分家庭主妇对于自己的工作则没什么想象力，她们刻板地按照既定规程从事着日复一日的工作，在工作后则赶快返回家，不愿在工作岗位上多待一分钟。

我们也经常听说过许多科学家的例子，他们在自己的领域内才气纵横，新鲜大胆有创意的想法层出不穷，而他们在生活方面则显得很差，不会对家居布置有任何想法。对于服饰搭配也毫无想象力，反正老婆让穿什么就穿什么。另外，许多小说家在小说的创作上也非常有想象力，故事情节的引人入胜，语言的新鲜别致，整体结构的别出心裁，这都体现了他们非凡的想象力。然而他们中的很多人面对一道需要想象力的智力题时，却常常会手足无措。一个机械工程师在机械设计上具有非凡的想象力，但他在语言表达上却可能词不达意，更别提形象生动了。

这些都一再地提醒我们，发挥我们的想象思维，让我们想象的翅膀飞得更高，兴趣是必不可少的催化剂。兴趣能帮助我们产生求知或是从事某种活动的强烈欲望，让我们更专注，以更愉悦的状态获得身心的极大满足，从而展开想象的翅膀，遨游于我们理想的自由之地。

渴望飞翔

想飞上天/和太阳肩并肩/世界等着我去改变/想做的梦/从不怕别人看见/在这里我都能实现（歌曲《我相信》）

像鸟儿一样在天空飞翔，自古以来就是人类的梦想。为了实现它，人们付出了多年坚持不懈的努力，许多先驱者甚至付出了生命的代价。终于在 1903 年 12 月 17 日，世界上第一架载人动力飞机在美国北卡罗来纳州的基蒂霍克飞上了蓝天。这架飞机被叫做"飞行者——1 号"，它的发明者就是美国的威尔伯·莱特和奥维尔·莱特兄弟。莱特兄弟的第一次有动力的持续飞行，实现了人类渴望已久的梦想，人类的飞行时代从此拉开了帷幕。

威尔伯·莱特生于 1867 年 4 月 16 日，他的弟弟奥维尔·莱特生于 1871 年 8 月 19 日，他们从小就对机械装配和飞行怀有浓厚的兴趣。莱特兄弟原以修理自行车为生，兄弟俩聪明好学，从 1896 年开始，他们就一直热心于飞行研究。通过多次研究和实验，他们很快得出一个结论：要解决飞机操纵这个悬而未决的关键问题，必须装上某种能使空气动力学发挥作用的机械装置。他们按照这一想法，在基蒂霍克沙丘上空对载人滑翔机进行了几度寒暑的试验之后，他们的梦想终于变成了现实。他们在1903年制造出了第一架依靠自身动力进行载人飞行的飞机"飞行者"1号，这架飞机的翼展为13.2米，升降舵在前，方向舵在后，两副两叶推进螺旋桨由链条传动，着陆装置为滑橇式，装有一台70千克重，功率为8.8千瓦的四缸发动机。这架航空史上著名的飞机，现在陈列在美国华盛顿航空航天博物馆内。

当我们想象自己能像鸟儿一样飞翔的时候，我们就已经把自己的梦想筑在了这思想的天空中，让它乘着想象的翅膀开始了美妙的旅程，莱特兄弟用他们一生追梦的故事告诉我们，展开自己的想象力，朝着梦想的方向前进吧。梦想是人生最美丽的灯塔，梦想就是生活本身。我们常常把生活比喻成枯燥无味的东西，可是梦想却让我们的生活呈现出它本来的意义，没有梦想的人生才真正是枯燥无味的，有梦最美，筑梦踏实，我们去实现梦想，并不是活在"梦"里，有一个人捡了一个蛋，然后他开始计划，用它孵一只小鸡，然后鸡再生蛋，如此循环，终可发家致富了，可是不小心，蛋摔碎了，梦也醒了。所以说梦想不是一个名词，而是一个动词，它是我们活过的轨迹，我们要感觉到它鲜活的力量，那么就尽心地投入地去实现它吧，我们的想象的思维会在这追逐中发光，也必会助我们实现梦想的人生更加精彩。

哲理链接 ··

　　辩证唯物主义认为意识能动地认识世界，意识具有计划性和目的性，自觉选择性和主动创造性。意识能动地改造世界，意识指导人们的实践活动，它通过指导一种物质的东西去作用于另一种物质的东西，从而引起物质具体形态的变化。

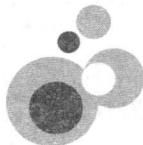

··

第十编

DI SHI BIAN

直觉思维——第六感智慧

　　我们学习外语的时候都会形成一种语感，就是听得多了之后的一种自然的反应，其实无论哪种语言都有语感，它的突出特征是快速感受，将复杂的心理感悟浓缩于一瞬间，似乎省略了中间的步骤，然后直觉地表达。还有大手下棋，有时专业高手要一对二十，同时下20盘棋，他根本没时间仔细计算，他全靠直觉来使围棋导向自己有利的一处，其他的对手可能算过千千万个变化，结果还是失败进而感叹专业高手计算之深，其实他当时哪有力气算这么深，靠的全是一种直觉。再比如高明的医生在一接触病人的时候就会迅速形成一个初步的判断，往往在检查的过程中被一一验证，他当时凭的就是一种直觉。

　　直觉是人们在生活中经常应用的一种思维方式。小孩亲近或疏远一个人凭的是直觉；男女"一见钟情"凭的是各自的直觉；军事将领在紧急情况下，下达命令首先凭直觉；足球运动员临门一脚，更是毫无思考余地，只能凭直觉。而我们认为科学发现和科学发明是人类最客观、最严谨的活动之一，但是许多科学家却认为直觉是他们发现和发明的源泉。诺贝尔奖获得者、著名物理学家玻恩说："实验物理的全部伟大发现，都是来源于一些人的'直觉'。"爱因斯坦对直觉一直给予极高的评价，他认为创新活动首先是直觉的而不是逻辑的。"要通向这些定律，并没有逻辑的道路；只有通过那种以对经验的共鸣的理解为依据的直觉，才能得到这些定律。"这也就是说直觉是一种非逻辑思维形式。说白了就是我们在通过直觉得到结论之时，并不能清楚地看到自己思维的脉络，也没有明确的思考步骤，你认为你只是"跟着感觉走"，是这样吗？

跟着感觉走

你敢吗？

梅里美是一名出色的特工，有一次他接受了一项任务，即潜入某使馆获取一份间谍名单。这是一个艰巨而棘手的任务，因为这份名单放在一个密码保险箱内，梅里美只有想方设法获知密码，才能打开保险箱安全返回，否则任务完不成还将暴露自己。据情报透露，保险箱的密码只有老奸巨猾的格力高里知道，于是梅里美在所在机构的安排下进入使馆成为格力高里的秘书，他凭着自己的才智逐步获得了格力高里的信任。可是，尽管这样格力高里始终没提过保险箱密码一事。梅里美多次试探打听也毫无结果，这时上级已经下达命令，限三天时间让梅里美交出间谍名单。梅里美焦急万分，到了最后一天的晚上他决定铤而走险。梅里美进入格力高里的办公室，试图用自己掌握的解码技术打开保险箱，可是一阵忙碌之后他发现一切都是徒劳，一看表发现离警卫巡查的时间仅剩十分钟了。怎么办？突然，他的目光盯在了墙上高挂着的一部旧式挂钟，挂钟的指针都分别指向一个数字，而且从来没有走过。梅里美猛然想起自己曾经问过格力高里是否需要修钟，格力高里摇头说自己年龄大了，记性不好，这样设置挂钟是为了纪念一个特殊时刻。想到这，梅里美热血沸腾，他立即按照钟面上的指针指定的数字在关键的几分钟内打开保险箱拿到了名单。

他的这种"机智"得益于什么？首先梅里美是一名经验丰富的优秀特工，他具备丰富的反间谍知识；其次，鉴于格力高里的特点——年纪较大，老奸巨猾，像密码这类重要文件应该是随身携带或放于一隐密处，但是格力高里的阅历使他更高一筹，他用一部普通的挂钟就锁住了机密；另外，梅里美脑际中梦寐以求的问题就是密码，所以在紧要关头他能从挂钟上领会到玄机，凭着这种直觉果断地做出选择，然后他成功了。

你信吗？

美籍华裔物理学家丁肇中在谈到"J"粒子的发现时写到：

"1972年，我感到很可能存在许多有光的而又比较重的粒子，然而理论上并没有预言这些粒子的存在。我直观上感到没有理由认为这种较重的发光的粒子（简称重光子）也一定比质子轻。"凭着对自己直觉的坚信，丁肇中决定研究重光子，终于发现了"J"粒子，并因而获得诺贝尔物理学奖。

20世纪40年代以前，人类一直未能掌握一种能高效治疗细菌性感染且副作用小的药物。那时流行着许多传染病，如猩红热、白喉、脑膜炎、淋病、梅毒等，严重地威胁着人们的生命。为了改变这种局面，科研人员进行了长期探索，然而在这方面所取得的突破性进展却源自一个意外发现。亚历山大·弗莱明由于一次幸运的过失而发现了青霉素。在1928年夏弗莱明外出度假回来后，无意间注意到一个与空气意外接触过的金黄色葡萄球菌培养皿中长出了一团青绿色霉菌。在用显微镜观察这只培养皿时弗莱明发现，霉菌周围的葡萄球菌菌落已被溶解。这意味着霉菌的某种分泌物能抑制葡萄球菌。鉴定表明，该霉菌为青霉菌，因此弗莱明将其分泌的抑菌物质称为青霉素。此后，在长达四年的时间里，弗莱明对这种特异青霉菌进行了全面的专门研究。然而遗憾的是，由于弗莱明不懂生化技术，无法把青霉素提取出来。而在当时的技术条件下，即使对于专门的生化学家来说，提取青霉素也是一个重大的难题。但是弗莱明并没有失掉信心，他坚信青霉素拯救生命的价值。因此，他继续将青霉菌菌株一代代地培养，并于1939年毫不犹豫地将菌种提供给准备系统研究青霉素的澳大利亚病理学家弗洛里和生物化学家钱恩。

虽然青霉素诞生的命运坎坷，而且，后来人们还发现了青霉素类抗生素常见的过敏反应在各种药物中居首位，发生率最高可达5%～10%，而且某些细菌逐渐对青霉素产生了耐药性。尽管如此，青霉素的偶然发现仍然是人类取得的一个了不起的成就。为表彰弗莱明等人对人类作出的杰出贡献，1945年的诺贝尔医学奖授予了弗莱明、弗洛里和钱恩三人。更为重要的是，在青霉素的发现过程中我们看到了思维的力量和光芒，正是由于弗莱明对于自己直觉的坚信，才能持之以恒地完成他的发现，为人类的医药事业作出了卓越的贡献。

直觉是理智的产物

知识储备与生活经验

在海战中常用的鱼雷，最初是由一个英国人于1866年发明的，当时美国的鱼雷速度不高，德国军舰发现后只需改变航向就能避开，因而命中率极低，可是大家想不出改进的方法。这时他们想到要去找爱迪生，爱迪生既未做任何调查也未经任何计算，立即提出一种意想不到的办法。他要研究人员做一块鱼雷那么大的肥皂，由军舰在海中拖行若干天，由于水的阻力作用，使肥皂变成了流线型，再按肥皂的形状建造鱼雷，果然收到奇效。这看起来是不是很神奇，但是我们可能会问，爱迪生怎么想到这个绝妙的点子的，如果你问他，他可能也无法回答你。

我们前面说到语感，比如我们读到这一句"疏影横斜水清浅，暗香浮动月黄昏"，我们的脑子里可能迅速浮现出黄昏月色下，枝影摇动，似幻似真的幽悠之感，虽然不同的人的感受可能不尽相同，但是你问一个很少接触诗词的人，他可能就感悟不出什么，至多剩下一个语言的外壳。如果一个毫无从医经验的人说他凭直觉认为你生病了，你相信吗？

石油的开发需要投入的资金是以天文数字来计算，要培育一位石油勘探人才也非一朝一夕之功。不过，直到今时今日，仍有石油公司以重金礼聘"魔杖师"来寻找石油。究竟什么是魔杖师？魔杖师是西方的一种最古老的行业，最原始的工作是帮人找寻水源。魔杖师双手各握一支魔杖（开叉的"Y"形树枝），小心翼翼地胡乱行走。当走到某一地方时，树枝好像受到什么感应似的，不受控制地左右转动，魔杖师于是断定水源就在下面，只要往下掘，便一定有收获。历史证明，命中率相当高。魔杖师是一种受人尊敬而且收入丰厚的行业。后来，魔杖师的工作范围还扩展到找寻矿物、失物、失踪的人，甚至石油。魔杖师这种行为不但存在于科技较为先进的欧洲，在远古时代的非洲撒哈拉沙漠的壁画，希腊和罗马的古书中也有记载。你是不是觉得这有点魔幻色彩了呢？但从思维潜能的角度来看，我们却可以理解为这是"直觉"的作用。我们每一个人的潜意识都储存了大量的资料，人一生所经历过的、接触过的东西都会储存起来，埋藏在脑海中，由于潜意识长期被压抑，对有意识的你来说，这些资料似乎全忘记了，或者根本不知道，但当把找寻的工作交给一支所谓"魔杖"，而你又相信它会帮助你时，就会自觉地放下显意识的警觉性，深藏在潜意识内、以为早已忘记了或根本没有存在过的记忆便有机会浮上来。当你走到一个环境与潜意识的水源环境吻合时，潜意识发出信号，人的身体不自觉地使魔杖转动，这样看来魔杖师们不是有什么超能力，而是把所寻找石油的问题与有关的知识和经验相结合才有了那种"直觉"。

品烟大师拿着香烟一看一吸就知道它的产地和等级；老农抓起一把土一瞥一捏，就知道它适宜种什么庄稼；老工人一听机器运转的声音，就知道机器在什么地方出了毛病。这些都与他们掌握了丰富的知识和经验分不开……这样的直觉顿悟，没有渊博的社会历史知识、丰富的社会生活经验和深邃的洞察力与判断力，是不可能的做到的。所以小孩虽然也能"直觉顿悟"，而他们的直觉顿悟所获得的成果，在质量和价值上一般总是会远远低于成年人，就在于他的积累不够。

综上所述，我们发现直觉思维并不是凭空来的，虽然它看似没有逻辑可循，但是却不是没有缘由地空穴来风，更不是草率和鲁莽的代名词，它需要我们积累丰富的知识和生活经验。

观察与思考

英国化学家道尔顿1794年在曼彻斯特教书时，偶然发现了色盲，这应归功于他注意意外事物所提供的线索。事情是这样的：在他母亲过生日那天，道尔顿买了一双袜子作为礼物送给妈妈。母亲接过礼物，慈爱地责备儿子："这么鲜艳的颜色，叫老太婆怎么穿得出去呢？"道尔顿很惊奇："明明是蓝色的袜子，您怎么说很鲜艳！？"母亲听后大感不解："哪里是蓝色，是樱桃红呵！"道尔顿把弟弟叫来，弟弟也说是蓝色；妈妈请街坊邻居来看，都说是樱桃红。这件事引起了道尔顿的注意和深思，研究的结果，发表了第一篇关于色盲的论文。从此，人们才知道有"色盲病"，医学上就称之为"道尔顿病"。这个发现引起许多人的赞叹，"色盲"竟是由色盲患者本人发现的。

很多新发现都是通过对细小的线索进行持续的观察而得到的。达尔文的儿子在谈到他父亲时写道："当一种例外情况非常引人注目并屡次出现时，人人都会注意到它。但是，他却具有一种捕捉例外情况的特殊天性。很多人在遇到表面上微不足道又与当前的研究没有关系的事情时，几乎不自觉地以一种未经认真考虑的解释将它忽略过去，这种解释其实算不上什么解释。正是这些事情，他抓住了，并以此作为起点。"但是道尔顿如果不是有丰富的化学知识做基础，他可能也不会注意到这个问题，所以我们常说：缺乏知识的观察是盲目的，缺乏观察的知识是空洞的。但是我们要怎样把观察与知识结合起来呢？思考是必不可少的。

有一次，希腊国王交给阿基米德一顶王冠。国王怀疑铸金匠在王冠中掺杂白银，而把节省下来的黄金私吞，所以请阿基米德查一查这顶王冠的成分。阿基米德面对这个棘手的问题日思夜想，甚至连洗澡都在思考，有一天阿基米德跳进装满热水的浴缸洗澡，有些水溢出，突然间他想到该如何测量黄金体积了。阿基米德兴奋地从浴缸里一跃而起，并且高声喊叫"我找到了！"他发现溢出浴缸的水的体积，就等于放进浴缸的王冠黄金的体积。如果白银和黄金的重量相等，白银的体积将会比较大，排开的水也比较多。阿基米德由此证明王冠中的确掺入白银。这也是阿基米德定律的由来。也就是浮力定律。

其实阿基米德的直觉很清楚解决问题的关键就是测知金冠的体积，可是，用怎样的办法才能测出结构复杂的金冠体积呢？当他带着问题跨入浴缸时，看到浸入水中的身体与浴缸溢出的水就想到两者体积相同，即刻得出了测量金冠体积的办法，可以说他的思考已超出了有意识的思考范围，就是说在他有意识地想去洗澡的时候，他没有意识到自己还是在进行着下意识的思考，就是我们平常所说的"钻进去了"，他已经不只是多思善思，可以说已是一种神思的境界了。

用逻辑装饰直觉的毛坯

国际象棋是世界上最古老的搏斗游戏之一，和中国的围棋、象棋和日本的将棋同享盛名。关于国际象棋的起源，曾经有种种饶有兴味的传说。其中较为著名的一个是这样的：在古代印度有一个国王，他拥有至高无上的权力和难以计数的财富。但是权力和财富最终使他对生活感到厌倦，渴望着有新鲜的刺激。有一天，他的宰相为了取悦国王，带着自己新发明的国际象棋朝见国王。国王见了这新奇的玩意非常喜欢，就与他对弈起来。而且一下子就迷上了这个新游戏，舍不得放下，竟留着宰相一连下了三天三夜。到了第四天早上，国王感到非常满足，就对宰相说道："你给了我无穷的乐趣。为了奖赏你，我现在决定，你可以从我这儿得到你所要的任何东西。"的确，这位国王是如此富有，难道还有什么要求不能满足吗？然而，宰相却慢条斯理地回答道："万能的王啊，您虽然是世界上最富有的人，但恐怕也满足不了我的要求。"国王不高兴了，他皱起了眉头，严肃地说道："哪怕你要的是半个王国。"于是，宰相说出了自己的要求："请国王下令在棋盘的第一格上放一粒小麦，第二格上放两粒小麦，第三格上放四粒，第四格上放八粒，就这样依次每格增加一倍小麦数量，一直到第六十四格为止。""可怜的人啊，你的要求就这么一点点吗?"国王不禁笑了起来，他立即命人取一袋小麦来，按照老人的要求数给他，但是一袋小麦很快就完了。国王觉得有点奇怪，就命人再去取一袋来……接着是第三袋、第四袋……小麦堆积如山，但是离第六十四格还远得很呐，只见国王的脸色由惊奇逐渐转为阴沉，最后竟勃然大怒了。原来国库里的小麦已经搬空了，却还只是数到了棋盘上的第五十格。国王认为宰相是在戏弄他。

其实我们讲到这里，大家会发现，从思维的角度来说，我们有时凭直觉所得到的一定要经过科学的验证。否则像这位单凭感觉的国王一样，免不了最后要变了脸色。而与直觉思维互为补充的就是逻辑思维，我们的直觉只有通过严谨的逻辑验证才能收获我们想要的果实。逻辑思维，人们在认识过程中借助于概念、判断、推理等思维形式能动地反映客观现实的理性认识过程，又称理论思维。它是作为对认识着的思维及其结构以及起作用的规律的分析而产生和发展起来的。只有经过逻辑思维，人们才能达到对具体对象本质规定的把握，进而认识客观世界，我们一系列的思维方式在运用的过程中都受逻辑思维规律的制约。

几种常见的逻辑错误

● 自相矛盾

楚国有个人在集市上既卖盾又卖矛，为了招徕顾客，使自己的商品尽快出手，他不惜夸大其词、言过其实地高声叫卖。他首先举起了手中的盾，向着过往的行人大肆吹嘘："列位看官，请瞧我手上的这块盾牌，这可是用上好的材料一次锻造而成的好盾呀，质地特别坚固，任凭您用什么锋利的矛也不可能戳穿它！"一番话说得人们纷纷围拢来，仔细观看。接着，这个楚人又拿起了靠在墙根的矛，更加肆无忌惮地夸口："诸位豪杰，再请看我手上的这根长矛，它可是经过千锤百炼打制出来的好矛呀，矛头特别锋利，不论您用如何坚固的盾来抵挡，也会被我的矛戳穿！"此番大话一经出口，听的人个个目瞪口呆。过了一会儿，只见人群中站出来一条汉子，指着那位楚人问道："你刚才说，你的盾坚固无比，无论什么矛都不能戳穿；而你的矛又是锋利无双，无论什么盾都不可抵挡。那么请问：如果我用你的矛来戳你的盾，结果又将如何？"楚人听了，无言以对，只好涨红着脸，赶紧收拾好他的矛和盾，灰溜溜地逃离了集市。

这个楚人的说法明显体现了他此时思维逻辑上的混乱，科学的思维是无矛盾性的思维。要避免思维出现自相矛盾的逻辑错误，就要遵守不矛盾律的要求。不矛盾律，有时又称为矛盾律。简单地说就是，在同一时刻，某个事物不可能在同一方面既是这样又不是这样。在楚人的描述中，他说"什么锋利的矛也不可能戳穿我的盾"和"如何坚固的盾来抵挡，也会被我的矛戳穿"，那么他的矛既能戳穿所有盾又不能戳穿他自己的盾，在这时我们说这个事物不可能在同一方面既是这样又不是这样，两者不能同时是真的，其中必有一假。同样他的盾既能抵挡所有的矛又不能抵挡他自己的矛，两者也不能同真，其中必有一假。

但是思维中出现的自相矛盾不同于唯物辩证法所讲的事物的客观矛盾。客观事物本身所包含的矛盾，即对立统一是客观存在的，而自相矛盾是思维混乱的一种表现，是对客观实际的错误反映。同时事物又是发展变化的，此事物可以变成彼事物；一个事物的内部，也总有相互矛盾的方面。但是，在一定的发展阶段，客观事物的性质是相对稳定的，在同一时间、同一条件下，从同一方面看，一个事物不可能既是这个，又不是这个；或者既是这样，又不是这样。对事物所固有的矛盾的判断，在不同时间、不同条件下，从不同方面对事物所做出的判断，并不是自相矛盾的判断。比如我们在探讨认识过程时常常讲：人类的认识能力是无限的，又是有限的。

● **模棱两可**

我们在班级活动中有时会碰到这样的场景，在班团活动课上，老师就是否同意小林当班长的问题请大家举手表决，当老师说，"同意的请举手"时没有人举手，然后老师又说"不同意的请举手"，这时同样没有人举手。《墨经》中说："或谓之牛，或谓之非牛，不可两不可也。"说的正是这种情况，这在逻辑上违反了排中律，也就是说，对于任何事物在一定条件下的判断都要有明确的"是"或"非"，不存在中间状态，即不能模棱两可。当我们判断是与非是的时候，其中必有一真。

关于模棱两可这个词有一个来历，是说唐朝前期有一位著名诗人名叫苏味道，他仕途顺利，官运亨通，做宰相数年之久。但他在位期间并没做出什么突出的成绩来。他老于世故，处事圆滑，他常对人说："处事不欲决断明白，若有错误，必贻咎谴，但模棱（同棱）以持两端可矣。"意思是：处理事情，不要决断得太清楚，太明白，要是这样处理错了，必会遭到追究和指责。只要模棱两可，哪边都抓不着（小辫子）就行了。当时，人们根据他这种为人处世的特点，给他取了一个绰号，叫"苏模棱"。通过这个典故我们也能看出在现实生活中违反排中律的危害。

● 偷换概念

三个人去投宿，一晚30元，每人掏了10元凑够30元交给了老板。来老板说今天优惠只要25元就够了，拿出5元命令服务生退还给他们，服务生偷偷藏起了2元，然后，把剩下的3元钱分给了那三个人，每人分到1元。这样，一开始每人掏了10元，现在又退回1元，也就是10-1=9，每人只花了9元钱，3个人每人9元，3×9=27元+服务生藏起的2元=29元，还有一元钱去了哪里呢？

面对这个问题，你是怎么看的？让我们用逻辑思维来分析一下吧。在这个问题中，每个人所花费的9元钱已经包括了服务生藏起来的2元（即优惠价25元+服务生私藏2元=27元=3×9元）因此，在计算这30元的组成时不能算上服务生私藏的那2元钱，而应该加上退还给每人的1元钱。即：3×9+3×1=30元正好！还可以换个角度想：那三个人一共出了30元，花了25元，服务生藏起来了2元，所以每人花了九元，加上分得的1元，刚好是30元。因此这一元钱就找到了。这道题迷惑人主要是它把那2元钱从27元钱当中分离了出来，原题的算法错误地认为服务员私自留下的2元不包含在27元当中，所以也就有了少1元钱的错误结果；而实际上私自留下的2元钱就包含在这27元当中，再加上退回的3元钱，结果正好是30元。这就是一个典型的偷换概念的例子。

辩论中经常有人用偷换论题的方式来达到诡辩成功的效果。

有一个旅行的人路过一间小店。

问老板：有吃的吗？

老板说：有面包。

旅行者问：多少钱一个。

老板说：两角一个，旅行者说要两个。

老板说：两个四角，请接着。

然后旅行者又问：有喝的吗？

老板说：有啤酒。

旅行者问：多少钱？

老板说：四角一瓶。

旅行者说：我现在渴得厉害，想用这两个面包换一瓶啤酒行吗？

老板说：行啊。

然后给了旅行者一瓶啤酒，旅行者喝完之后就走了，老板追上去要钱。

旅行者说：我用面包换来的啤酒啊。

老板说：可是你面包也没有付钱啊。

旅行者说：我又没吃你的面包，为什么要付面包钱呢?

在这个付不付钱的争论中，旅行者就是用没吃的面包偷换了没付钱的面包。这在生活中并不少见，比如有个小朋友在看画，画面是一个人在聚精会神地射击。这个小朋友就问他的爷爷，说："爷爷，为什么打枪时要睁一只眼，闭一只眼?"他的爷爷回答说："如果两只眼都闭上，那就什么也看不见了。"小朋友的疑点是：为什么射击时不让两只眼睛都睁着，而非闭一只眼睛不可。他的爷爷对这个问题故意避而不谈，而去回答那个众所周知的问题。这在逻辑上就叫偷换论题。同一律强调在同一思维过程中，每一思想自身必须保持同一性，即事物只能是其本身。但在不同时间或不同条件下，对同一对象所形成的概念或判断，同一律并不要求它们一定是同一的。同一律并不否认客观事物及人的思想认识的变化发展，反映事物变化发展的正确认识并不违反同一律的要求。

哲理链接

辩证唯物主义认识论告诉我们，实践是人们改造客观世界的一切活动。它具有客观的物质性、主观能动性和社会历史性。实践是认识的基础，它表现为实践是认识的来源，实践是认识发展的动力，实践是检验认识真理性的唯一标准，实践是认识的目的和归宿；认识是一个过程，它具有反复性和无限性的特点，对客观事物及其规律的正确反映是真理性的认识，它对实践有具大的指导作用。

感性认识是认识的低级阶段，是人在实践中通过感官对事物外部形态的直接的、具体的反映，它包括感觉、知觉、表象三种形式，其特点是直接性和具体性。理性认识是认识的高级阶段，是人通过思维对事物内部联系的间接的、概括的反映。它包括概念、判断、推理以及假说和理论等形式，其特点是间接性和抽象性。

从感性认识发展到理性认识，这是认识过程中的第一次飞跃。实现这一飞跃的条件是：必须占有丰富而真实的感性材

料；运用科学的思维方法对感性材料进行加工制作。从理性认识到实践，这是认识过程中更为重要的一次飞跃。这是因为：只有通过这次飞跃，才能使认识物化、对象化，使认识变为现实，使精神力量转化为物质力量；才能使认识受到实践的检验而得到修正、补充、丰富和发展。实现这一飞跃的条件是：坚持从实际出发，理论与实际相结合；把对客观事物本质和规律的认识同主体自身利益和需要的认识结合起来，形成正确合理的实践观念；理论必须被群众掌握，化为群众的行动；要有正确的实践方法即工作方法。

第十一编

DI SHI YI BIAN

灵感思维——人类思维的火花

翻开人类文明史，就是一部灵感迸发的智慧史。

法国著名的数学家笛卡尔，在很长一段时间内，都在思考这样一个问题：几何图形是形象的，代数方程是抽象的，能不能将这两门数学统一起来，用几何图形来表示代数方程，用代数方程来解决几何问题呢？为了解决这一问题，他日思夜想，但一直都找不到突破方向。有一天早晨，笛卡尔睁开眼，发现一只苍蝇正在天花板上爬动，他躺在床上耐心地看着，忽然头脑中冒出这样一个念头：这只来回爬动的苍蝇不正是一个移动的"点"吗？这墙和天花板不就是"面"吗？墙和天花板相连的角不就是"线"吗？苍蝇这个"点"与"线"和"面"之间的距离显然是可以计算的。笛卡尔想到这里，情不自禁一跃而起，找来纸和笔，迅速划出三条相互垂直的线，用它表示两堵墙和天花板相连接的角，又画了一个点表示来回移动的苍蝇，然后，用X和Y分别代表苍蝇到两堵墙的距离，用Z来代表苍蝇到天花板的距离。后来，笛卡尔对自己设计的这张形象直观的图进行反复思考研究，终于形成这样的认识：只要在图上找到任何一个点，都可以用一组数据来表示它与另外那三条数轴的数量关系。同时，只要有了任何一组像以上这样的数据，也都可以在空间上找到一个点。这样，数和形之间便稳定地建立了联系。于是，数学领域中的一个重要分支——解析几何学，在此基础上创立了。

他的这套数学理论体系，引起了数学的一场深刻革命，有效地解决了生产和科学上的许多难题，并为微积分的创立奠定了坚实的基础。

德国化学家凯库勒长期潜心研究结构化学，希望能揭开有机物中碳原子之间是如何结合的谜底，可惜，始终没有结果。后来，据说是在梦中，他看见蛇咬住自己的尾巴，突然诱发灵感，才终于发现苯环结构。凯库勒本人是这样描述他的灵感爆发过程的："事情进行得不顺时，我的心想着别的事了！我把坐椅转向炉边，进入半睡眠状态。原子在我眼前飞动：长长的队伍，变化多姿，靠近了。连结起来了，一个个扭动着回转着，像蛇一样。看，那是什么？一条蛇咬住了自己的尾巴，在我眼前轻蔑地旋转。我如从电掣中惊醒。那晚我为这个假说的结果工作了整夜。"

意大利物理学家费米发现：如果使中子束事先通过石蜡来降低速度，那么，当中子束射中靶子的时候，就能极其有效地使靶子的原子核变得不稳定。费米后来追叙道："当时我们正在不辞辛劳地研究中子诱发放射性的问题，迟迟得不出什么有意义的成果。一天，我来到实验室，忽然产生一个念头：我应该考查一下，在入射中子前面放置一块铅会有什么效应。我一反往常，不惜付出艰苦的劳动，在机床上加工出一块铅，我分明感到某种不满意，因此我找种种借口拖延时间，不把这块铅放上去。最后，我终于准备勉强把它放到那里去。可是，我喃喃自语：'不，我不想把这块铅放在这里，我想放一块石蜡。'事情就是这样。没有前兆，事先也不曾有意识地进行过推理。我马上随手取了一块石蜡，把它放到原来准备放铅块的地方。"这让我们又一次见识了灵感爆发的威力。

……

但是灵感是不是只属于这些"天才"，就像诗里写的，"得来全不费工夫"，还是让我们来看一看他们是怎样"踏破铁鞋无觅处"，去感受那种痛并快乐着的灵感之美。

机遇偏爱有准备的人

爱因斯坦说：天才是百分之一的灵感加百分之九十九的血汗。我们可以这样理解，如果没有那百分之九十九的血汗就不会有这百分之一的灵感爆发，当科学家们热切地想要解决问题的时候，他们就开始了充分的准备工作，强烈地期待自己的研究工作能有突破性的进展，于是长期地思考，在他们的脑子里留下了无数的点，一旦受到某种刺激，就像拉开电闸一样，全线贯通，豁然开朗。

俄国画家列宾说，灵感是对艰苦劳动的奖赏。其实凯库勒发现苯环结构，就是他长期思索的结晶。此时有机化学理论已经兴起，正处于大发展的时期，凯库勒思考苯的结构却已有12年之久了。同时还有两件事值得注意：一是他在大学学习过建筑，接受过建筑艺术中空间结构美的熏陶；二是他年轻时当过法庭陪审员，曾经对某一刑事案件中出现的首尾相接的蛇形手镯产生过深刻印象。当时，这些蛇形手镯是作为有关炼金术案件的物证提出来的。这一切的结合才是他达到顿悟式突破的依据所在。

如果我们不进行艰苦的探索而把成功的希望寄托在偶然的灵机一动，那无疑是在寻找无源之水，无本之木。就像是这个愚人：有个人十分饥饿，走到一个店子里买煎饼吃，吃完了六个半，就觉得饱了。于是这人非常后悔，给自己打了几个耳光，说："我现在饱了，是由于吃了这半个饼的缘故。这样看来，前面六个饼是白吃了。如果早知这半个饼就能吃饱，就应该先吃这半个饼啊！"我们经常会崇拜，羡慕那些取得了伟大成就的人，而往往也会被他们的传奇故事中那些伟大的灵感吸引，但是却常忽视了这些光环背后他们所付出的汗水和艰苦的努力，我们看到一位作者在进行签名售书，应者云集，却没看到他通宵达旦，那些写了撕、撕了写的稿纸；我们看到一位歌手在舞台上载歌载舞，欢呼声不绝于耳，却没看到他在舞台下挥汗如雨，反复排练。"经过多少失败，经过多少等待……"才有掌声响起来。

一张一弛　文武之道

　　长时间思考某个问题，会使大脑中的血液缺氧，使思维变得迟钝，这时停止思考而让大脑轻松一下，或使思考转到另外的问题上，大脑血液中的含氧量会增加，思维就会变得敏捷，因此容易产生灵感。这就好像琴弦不能绷得太紧，否则就会声音发木。荷兰出生的化学家范特霍夫是首届诺贝尔化学奖获得者。他不但能专心致志地搞科学研究，而且酷爱自然，喜欢旅行、登山等各种运动。他在柏林居住期间，一直亲自经营郊外牧场，与科学研究并行不悖，以此作为科学研究的有益调节。获得诺贝尔奖以后，他仍然每天清晨驾着马车挨家挨户为居民送鲜奶。心理学的研究表明，灵感属于无意识活动范畴，它的进行和转化为意识活动，需借助一定的心理条件。如果长期循着一条单调的思路，精神特别容易疲劳，大脑这部机器就会运转失灵，难以找到问题的症结。拉普拉斯曾经介绍下述屡试不爽的经验：对于非常复杂的问题，搁置几天不去想它，一旦重新拣起来，你就会发现它突然变容易了。

　　我国著名科学家钱学森曾描述说，灵感出现在大脑高度激发状态，高潮为时很短暂，瞬息即过。科学家对问题长期进行探索，往往在出其不意的一刹那，比如，在散步中、在看电影时、在闲谈中产生飞跃，于是智慧从蕴积中骤然爆发，问题便迎刃而解。我们知道爱因斯坦酷爱拉小提琴，而且拉得极好；居里夫人热爱旅行、游泳、骑自行车；牛顿爱好手工，喜欢装置简单机械；爱迪生除了发明以外也热爱音乐……这些大师往往是在他们的业余生活中突然迸发灵感，突破了科学难关的。而且当我们沉浸在优美的音乐中，或是享受一片美好的风景，或是在参加一项让人愉快的运动时，都会让我们心情更加愉悦。心胸开阔、乐观开朗，则可以促使人们浮想联翩、精神旺盛、高效率地思考问题，灵感在这种心理状态中最可能出现，相反焦虑不安、悲观失望、情绪波动，都会降低智力活动的水平。

当牛顿专心致志研究问题时，竟把怀表当做鸡蛋放进锅里。陀思妥耶夫斯基创作的时候，无论吃饭、睡觉以及和别人谈话，都在考虑作品，除了构思，另外干了些什么，自己全然没有知觉似的。这是说他们在工作中专心致志，已达到忘我境界，这说明他们对自己所从事的事业的高度热爱，但是这与悠游闲适并不矛盾，这就好比煮一锅汤，你需要在汤里加进各种调料，但是比例要适当，否则适得其反，可是如果一点也不加，那也煮不出靓汤来。

随时捕捉灵感之美

　　灵感是瞬息即逝的，所以我们必须想方设法地及时抓住它，不能让思想的火花白白浪费了。许多科学家都养成了随时携带纸笔的好习惯，记下闪过脑际的每一个有独到见解的念头。爱迪生习惯于记下他所想到的每一个新意念，不管它当时似乎多么卑微。他一生获得专利发明有 1 328 项，这与他善于抓住灵感是分不开的。爱因斯坦有一次在朋友家里吃饭，与主人讨论问题，忽然来了灵感，他拿起钢笔，在口袋里找纸，没有找到，就在主人家的新桌布上展开了公式。美国著名生理学家坎农说："当我准备演讲的时候，我就先写一个粗略的提纲，在这以后的几夜中，我常常会骤然醒来，涌入脑海的是与提纲有关的鲜明的例子、恰当的词句和新鲜的思想。我把纸墨放在手边，便于捕捉这些倏然即逝的思想，以免被淡忘。"

　　我们是不是从这些大师身上学到了什么？想想平时读书的时候，有的同学说我翻过一遍怎么跟没看一样啊？可是我们看看杨绛先生笔下的钱钟书先生是怎样做读书笔记的，她在《钱钟书是怎样做读书笔记的》一文中这样描述道：

　　许多人说，钱钟书记忆力特强，过目不忘。他本人却并不以为自己有那么"神"。他只是好读书，肯下工夫，不仅读，还做笔记；不仅读一遍两遍，还会读三遍四遍，笔记上不断地添补。所以他读的书虽然很多，也不易遗忘。

　　他做笔记的习惯是在牛津大学图书馆（Bodleian——他译为饱蠹楼）读书时养成的。饱蠹楼的图书向来不外借，到那里去读书，只准携带笔记本和铅笔，书上不准留下任何痕迹，只能边读边记。钟书的"饱蠹楼书记"第一册上写着如下几句："廿五年（一九三六年）二月起，与绛约间日赴大学图书馆读书，各携笔札，露钞雪纂、聊补三箧之无，铁画银钩，虚说千毫之秃，是为引。"第二册有题词如下："心如椰子纳群书，金匮青箱总不如，提要勾玄留指爪，忘筌他日并无鱼。（默存题，季康以狼鸡杂毫笔书于灯下）"这都是用毛笔写的，显然不是在饱蠹楼边读边记，而是经过反刍，然后写成的笔记。

　　做笔记很费时间。钟书做一遍笔记的时间，大约是读这本书的一倍。他说，一本书，第二遍再读，总会发现读第一遍时会有很多疏忽。最精彩的句子，要读几遍之后才发现。……

　　钱先生这样孜孜以求，仍觉可能会漏掉一些精彩，而他之所以记的比读的还多，正是因为他在读的过程中随时都有思考，会把自己的想法或者灵感记录下来。我们平时生活中，面对广袤的世界，如果我们用心思考，细心体会，一定会有很多的想法，而这些想法就有可能是我们灵感迸发的源泉。

哲理链接

唯物辩证法认为量变和质变是事物发展过程中两种不同的状态。量变是指事物数量的增减和场所的变更，是一种渐进的、不显著的变化。质变是指事物根本性质的变化，是事物由一种质态向另一种质态的飞跃，是一种根本的、显著的变化。事物的发展总是从量变开始，量变是质变的必要准备，质变是量变的必然结果；质变又为新的量变开辟道路，使事物在新质的基础上开始新的量变。事物的发展就是这样由量变到质变，又在新质的基础上开始新的量变，如此循环往复，不断前进。这一原理要求我们积极做好量的积累，为客观事物质变创造条件。要抓住时机，促成质变，实现事物的飞跃和发展。坚持适度原则。